U0158622

后浪

布封与毕加索

BUFFON PICASSO

博物学家与艺术巨匠笔下的动物

[法]布封 著　[西]毕加索 绘　刘暑月 译

四川美术出版社

图书在版编目（CIP）数据

布封与毕加索：博物学家与艺术巨匠笔下的动物 /
(法)布封著；(西)毕加索绘；刘暑月译. -- 成都：
四川美术出版社，2021.3
书名原文：Buffon-Picasso
ISBN 978-7-5410-9636-5

Ⅰ. ①布… Ⅱ. ①布… ②毕… ③刘… Ⅲ. ①自然科
学史—世界 Ⅳ. ① N091

中国版本图书馆 CIP 数据核字 (2021) 第 035117 号

著作权合同登记号　图进字 21-2020-366

布封与毕加索：博物学家与艺术巨匠笔下的动物

BUFENG YU BIJIASUO: BOWUXUEJIA YU YISHU JUJIANG BI XIA DE DONGWU

[法]布封　著　[西]毕加索　绘　刘暑月　译

选题策划　后浪出版公司　　出版统筹　吴兴元
编辑统筹　杨建国　　责任编辑　杨　东　张子惠
特约编辑　刘铠源　　责任校对　温若均　谭云红
责任印制　黎　伟　　营销推广　ONEBOOK
装帧制作　墨白空间・王　茜
出版发行　四川美术出版社
（成都市锦江区金石路 239 号 邮编：610023）
成　品　210mm × 276mm
印　张　14
字　数　121 千字
图　幅　95 幅
印　刷　北京雅昌艺术印刷有限公司
版　次　2021 年 4 月第 1 版
印　次　2021 年 4 月第 1 次印刷
书　号　978-7-5410-9636-5
定　价　248.00 元

读者服务：reader@hinabook.com 188-1142-1266
投稿服务：onebook@hinabook.com 133-6631-2326
直销服务：buy@hinabook.com 133-6657-3072
网上订购：https://hinabook.tmall.com/（天猫官方直营店）

per Dora Maar
tan bufona!

BUFFON

17 j 43

Picasso..

ADORA MAAR

整版印刷
（226 册）

第 1 册——旧条纹纸版孤本，旧蓝纸版全套插图

第 2 册至第 6 册——5 册日本高级珍珠纸版，连史纸全套插图

第 7 册至第 36 册——30 册极优日本纸版，连史纸全套插图

第 37 册至第 91 册——55 册梦法儿高级画纸版

第 92 册至第 226 册——135 册维达隆高级画纸版

本书为第 141 册

PICASSO

EAUX-FORTES ORIGINALES
POUR DES TEXTES DE

BUFFON

MARTIN FABIANI
ÉDITEUR A PARIS
1942

LE CHEVAL 马

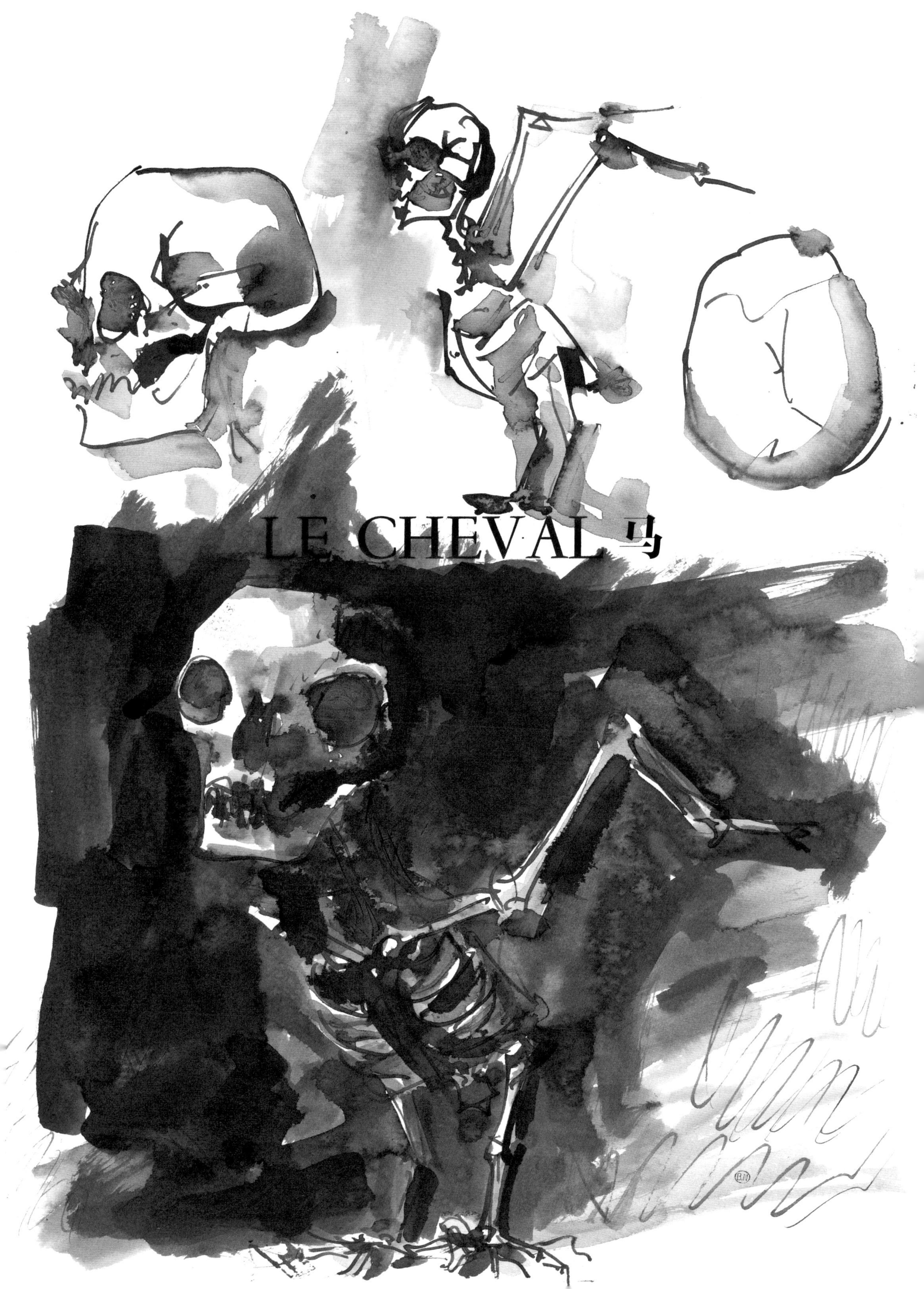

马

征服这种骄傲且热情的动物，是人类的征服活动中最高贵的一次经历。它们与人类分享战争的疲惫与光荣，同主人一样英勇无畏，直面危险；它们习惯了刀剑的铮鸣，并爱上这种感觉；它们心怀向往，寻求战斗，因而英姿勃发；它们也会分享自己的喜悦。在打猎时，在比武时，在竞赛时，它们神采奕奕，引人注目。它们是勇气的代表，但它们又是那样温顺，不会放任自己纵足狂奔。它们知道控制自己的行动，不仅听从那双控制着自己的手的指示，还会顺从主人的意愿，服从它们收到的任何指令。不论飞驰、慢行或是驻足，这一切都是为了使主人满意：这是一种放弃了自我意志的生物，只为迎合他人的心意而存在。它们的行动敏捷又精准，能准确感知人们的愿望，并像人们期待的那样回应；它们全心全意，毫无保留，不会拒绝主人的任何要求；它们竭尽全力地为主人服务，甚至会为了更好地服从命令而牺牲自己。

这就是马。它们的天赋已算完美，才能又得到了开发，各种技巧更是锦上添花。它们从小就得到人类的照顾，当然这需要付出自由的代价，同时还要受到束缚。接着，它们就要为服务人类而接受锻炼和训练。对这种动物的奴役和驯化是如此普遍，其历史是如此久远，以至于我们很少能见到它们本来的状态。如今它们总是在工作中身负马具，即使是在休息的时候，人们也从不松开它们身上的锁链。马衔造成的褶子使它们的嘴变形，马刺在它们的肋部留下累累伤痕，马钉穿过马蹄；就算有时人们让它们在牧场中自由漫步，它们也总是带着这些被奴役的标志，工作及辛劳的残酷印记常随其身。它们的身体长时间受到缰绳的束缚，即使人们松开绳索也是徒劳，自由已经永远离它们而去了。它们是最温顺的奴隶，人们喂养、照看它们，也不过是将其当作展示奢侈和华丽的展台。那些镀金的链条，与其说是它们的装饰，不如说是为了满足主人们的虚荣心。比起马儿们脚下的锁链，那些优雅的垂髻、马鬃的发辫，还有它们身披的金线丝绸，倒是更糟蹋它们。

自然状态下的马比人为装扮过的更美丽。对一种生物而言，自由的活动才能创造最美的状态。看看那些在美洲繁衍生息、自由自在的马：它们漫步、奔跑、跳跃，不受一丝拘束和操控。它们傲然独立，远离人类的接触；它们不屑于人类的照料，自己会寻找喜爱的食物。它们在广阔无边的草原上漫游或飞奔，在那里，它们总是能找到春天带来的新鲜食物。它们居无定所，除了头顶的天空别无其他遮蔽物；比起被人类关起来，身处狭窄拘束的宫殿拱顶之下，它们在草原上呼吸到的才是最纯净的空气。相较大部分的家养马，这些野马们更加强壮，更加轻盈，更加矫健，它们不失本性、体力充沛、体态高雅，而那些家养马只有经过艺术的加工与修饰才能表现如此。

这种动物生性并不凶猛，它们只是骄傲且充满野性罢了。尽管比许多其他动物的力气都大，马也从不攻击它们；即使马自身受到攻击，它们也只会蔑视对方，然后摆脱或战胜对手。它们成群结伴只是为享受聚集的乐趣，因为它们无所畏惧，且彼此之间相互依恋。由于草和植物能够提供足够的营养，马儿们有足够多的食物来满足胃口，所以它们对抓捕其他动物没有丝毫兴趣。它们从不对外发起战争，在内部同样也不会有这种事发生。它们不会你争我夺，彼此之间从来不会互相抢夺食物或者争夺好处，而这恰恰是其他肉食动物之间争吵厮打的根本原因。马儿们和平相处，因为它们的饮食简单、胃口容易满足，所以它们无所想望。

以上所有特点都能在人类集中喂养、成群照管的小马们身上体现出来。它们内心柔顺、社交良好，只有在竞争中才能体现出自身的力量和活力；它们会努力在赛跑中领先，通过挑战过河跨沟来使自己变得更加优秀、更有活力。举个例子，能在这些练习中拔得头筹的，都是最矫健最优秀的马儿，一旦它们被驯服，通常也会成为最温顺最善解人意的那一匹。

如今的欧洲，基本上所有地区都有人类定居，所以人们难以在这里寻到野马。人们看到的在美洲活动的马都源自欧洲的家养马，它们由西班牙人输往美洲，在广袤无际的荒野中繁衍生息。原本在新大陆是没有这一物种的，墨西哥和秘鲁的原住民在看到马和骑士时表现出的震惊和恐惧同样让西班牙人明白了这一物种在这个地方还不为人知，因此西班牙人往这里输送了大量马匹：既是为了满足自身使用需求，也是希望在这里大规模繁殖马匹。西班牙人在好几个小岛上放养了马，当然还有美洲大陆，马在这里同其他野生动物们一样繁衍生息。1685年，德拉萨尔先生（M. de La Salle）在北美洲圣路易斯湾附近看见了在牧场上吃草的马，这些马极易受到惊吓，因此人们不能轻易靠近。《海盗冒险家的故事》（*Histoire des aventuriers flibustiers*）的作者曾说过："我们在圣多明戈岛看到过几次马群，有五百多匹，它们成群结队地奔跑着。当它们发现有人时，就会一起停下来。其中一匹马会稍微靠近一点，喘口气，下一刻转身就跑，而其他马也会紧随其后，远远跑开。”他还补充道，他不知道这些马在成为野生状态后是否产生了退化，但它们确实不如西班牙同一品种的马英俊。“它们的头太胖了，四肢也不够矫健，耳朵和脖子都很长。当地人轻而易举地驯服了它们，让它们干活，猎人们还让马驮着自己的皮袄。人们在马常常来往的地方布置绳子做陷阱，好抓捕它们。马会轻易地踏入其中，接着就被套住脖子。要是人们不及时把它们放出来，它们自己就能把自己勒死。人们会缚住马的身体和四肢，把它们在树边拴两天，既不给它们吃也不让它们喝。这样的考验足以让它们变得老实听话，随着时间过去，它们会温顺得仿佛从来不曾野性十足一样，即使偶然重获自由，它们也不可能再变得桀骜不驯了。它们会记得自己的主人，会主动靠近他们，回到他们身边。”

这一切都证明了马天生就是一种温柔的动物，生来就是为了亲近人们，跟人们在一起。它们之中，永远不会有任何一匹马主动离开人们的家而跑到森林里或荒野中去；恰恰相反，马会急于回到马厩，尽管在那里它们只能日复一日地吃着一些粗糙的食物。主人不会照顾马的口味，只是出于经济原因才选择这些食物罢了。马的温柔已经成了习惯，这样的脾气早就取代了其他性格。疲惫不堪时，能休息的地方就是它们的天堂。马老远就能感知到主人，即使在大城市中它们也能有所感应。看起来，比起自由，马更愿意受人们差使。它们已经形成了第二种天性，这恰恰是在人类的强迫下形成的。我们可以看到，迷失在森林中的马会不停地嘶鸣，期待着有人能听见，一旦听到人的声音，它们就会飞快地赶去。尽管森林里有各种各样的食物能满足它们的胃口，然而短短时日里，它们还是会消瘦憔悴。

在所有动物中，马的体形算大了，它们拥有最完美的比例、最优雅的身姿。让我们将马跟与它差不多大的动物们比较一下，我们可以看到：驴子不太好看；狮子的头太大了；牛的四肢又细又短，与它庞大的身躯形成强烈的对比；骆驼有点畸形；至于体形最大的动物——犀牛和大象，只能说它们的大块头看起来太笨重了。马这种四足动物的下颌有明显的延伸，而人类则没有这样的特点，这正是两者头部之间的重要区别，也是最不容易被忽视的特征。然而，尽管马的下颌很长，它也不像驴那样有一副蠢样子，或者像牛那样傻乎乎的。马的脑袋比例匀称，正给了它一种轻盈之感，在修长的脖颈的衬托下，这种感觉越发明显。

马看上去很喜欢昂首伫立，在这种高贵的姿态下，它们可以与人正面对视。它们的眼睛灵动有神，视野开阔；耳朵的大小也恰到好处，既不像公牛耳朵那么短，也不像驴耳朵那么长；它们脑袋上的鬃毛更是锦上添花，不仅修饰了脖子，还让它们看起来显得更矫健、更骄傲；它们垂着的尾巴十分浓密，身体形态正好在这里完美地形成。比起鹿和象的短尾巴、驴和骆驼还有犀牛的秃尾巴，马是如此与众不同，它们的尾巴有浓密的鬃毛，看上去像是直接从臀部长出来的，实际上这是因为它们长出尾巴的部位实在是太短了。马不能像狮子那样将尾巴抬起来，它们的尾巴总是低垂着，可这样的尾巴反而更适合马。马只能横向扫动尾巴，这样可以有效地赶走讨厌的苍蝇，因为尽管它们的皮肤封闭性良好，浑身上下也覆满了浓密紧凑的毛，马还是很敏感的。

L’ANE 驴

驴

驴就是驴，可不是什么退化了的、秃尾巴的马。驴既不是外地引进的，也不是入侵的生物，更不是杂交出来的。像其他所有动物一样，驴有自己所属的科、属、种。驴的血统纯净，尽管它的高贵还鲜为人知，但它确实是十分优秀的，它有同马一样古老的身份。然而这样一种优秀、耐心、质朴而又实用的动物，为什么会遭受如此多的轻视？为什么人类会瞧不上这种既为他们老实干活，又不用他们耗费多少精力照管的动物？人们让马接受训练，照顾它们、教育它们、锻炼它们。而驴呢？人们随随便便地把它们交给最下等的仆人，或者任凭孩子们戏弄；别提得到什么训练了，驴只能离此越来越远。瞧瞧人类是怎样对待这种动物的吧：它们是人类的玩具、是人们取笑的对象、是人们眼中粗野的驴骡；人们用棍棒驱赶着它们，敲打着它们，让它们身负重担，毫无分寸、毫不心疼地让它们干活直到精疲力尽。要不是驴的身体底子好，它们可能就会在这样的环境中被压榨得一干二净了。人们没有注意到，不论是就驴本身，还是对人类而言，它们都是最重要、最俊俏、最优秀和最卓越的动物。当然，这是要在世界上不存在马的前提下。如今驴是第二好而非最好的动物，然而就是这样，它看起来好像还是一文不值。正是在比较中，驴的价值才无从显现：人们都是从马的角度出发来审视、评判驴，而不是从驴本身的角度出发。人们忘了它只是一头驴，它有自己的天性和才干；人们只会想到马的品质和能力，这恰恰是驴所不曾具备的。但是，驴本来也无需拥有马的这一切。

驴生性谦虚、耐心又安静，而马则骄傲、热情，容易急躁。驴默默地，甚至是带着勇气地一直承受着主人的惩罚和敲打。在饮食方面，不管是食物的数量还是质量，驴的要求都不高。即使是最干硬最难吃的草料，驴也能心满意足，这些都是马和其他动物瞧不上才剩下给驴的。但驴对水很挑剔，它只愿意喝最纯净的水，还要在它熟悉的小河里才行。当然，在饮水方面，如同吃草料一样，驴也十分节制，它一点儿也不会把鼻子浸入水中，因为它害怕耳朵进水。由于人们没心思像刷马一样打理驴，驴常常会在草地上、在蓟丛中、在凤尾草堆里打滚。当然，别太在意人们让它驮着的东西，只要它想，就总会侧下身开始打滚，看起来就像是在用这种方式指责主人对它的漠不关心。驴不会像马一样在泥浆或水里打滚，因为它怕把脚也打湿。遇到泥地，驴就会掉头走开，因此它的四肢可比马的四肢干燥且干净多了。驴也可以接受训练，事实上确实有驴在经过了良好的训练后变得与众不同。

驴在很小的时候，既活泼又标致，既灵巧又听话，但它们很快就会失去这样的天性。一方面是因为年龄的增长，一方面是由于生活的艰难，驴会变得迟钝、叛逆、固执。

驴十分爱护自己的后代。普林尼（Pline）信誓旦旦地对我们说，一旦人们把母驴和它的孩子分开，母驴就会拼尽一切回到它的孩子身边，赴汤蹈火也在所不惜。驴也同样眷念它的主人，尽管它总是被苛待：驴能闻到远处传来的主人的气味，也能在人群中分辨出他。驴会记得自己常去的地方；它们的眼神很好；嗅觉灵敏，对母驴发出的气味微粒尤其敏感；驴的听力出众，这也让它们成为一种十分胆小的动物。就像人们普遍认为的那样，这些胆小动物的共性就是都拥有极好的听觉和长长的耳朵。当驴负担过重时，它的标志性动作就是低着头，垂下耳朵；要是人们把它压榨得太厉害，驴就会张大嘴，以一种极不雅观的方式咧开，看上去一副讥笑嘲讽的样子。如果蒙住驴的眼睛，它们就会原地不动；当它们侧卧时，如果人们将它的一只眼睛压在地上，再用一块石头或一截木头遮住它们另一只眼睛，它们也会保持这个姿势一动不动，绝不会扭动着身子站起来。驴像马一样，也能悠闲慢行、疾步小跑或纵足奔驰，但比起马来，驴的这些动作的幅度要小得多，它的速度也要慢得多。尽管驴也可以全速冲刺，但它只能在短时间内跑出有限的距离。不管驴是慢走还是快跑，只要人类一催促，它很快就会精疲力竭。

马能嘶鸣，驴会大叫，驴的叫声能拖得很长，声音不仅大，还十分难听。从尖锐刺耳到沙哑低沉，再从沙哑低沉到尖锐刺耳，驴的叫声就是这样不协调。通常，驴只有在感情激动或饥肠辘辘时才会大叫。母驴的叫声更为清脆，当然穿透力也更强；被阉过的公驴只能发出低沉的叫声，不管它再怎么努力，嗓子使出多大劲，它的叫声也传不到远处去了。

驴有三至四年的成长期，也有二十五至三十年的寿命，这一点同马一样。人们认定母驴的寿命普遍比公驴的长，但这很可能是因为母驴的怀孕周期很长，这期间人们好歹会多爱惜它些。公驴就不一样了，人们只会不加节制地使唤它，让它过度劳累，甚至不惜棍棒相加。驴睡得比马少，只有在撑不住的时候才能卧下来睡一睡。种驴要比种马活得长久，它们可是越老越热情的。通常，驴的健康状况也比马好得多：驴没有马那么

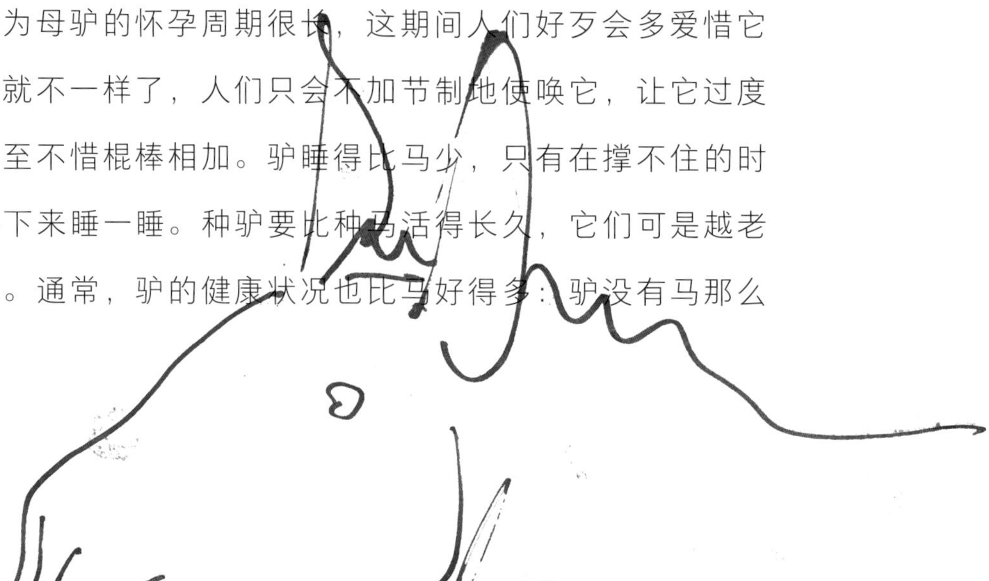

娇弱，不像它们那样容易患上各种各样的疾病。

马有许多品种，驴当然也有，只不过人们都不怎么了解，因为人们不会花同样的心思去仔细关注驴；人们只是不会怀疑“所有的驴都来自热带地区”这一说法罢了。驴似乎是从阿拉伯半岛来的，它们从那里被引入巴巴里海岸，进而进入埃及，那里的驴长相俊俏，体形更大；同时驴还到达了气候更为炎热的地区，比如印度和几内亚，那些地区的驴更大、更强壮，比当地的马优秀得多；在马都拉岛，驴也饱受赞誉，当地规模最大、最高贵的一个印度人部落就尤其崇敬这种动物，因为在他们看来，驴的身体中有着最高贵的灵魂。最后，人们发现所有南方国家里驴的数量都要比马多得多，从塞内加尔到中国，在那些地方，比起野马，人们更容易见到野驴的身影。在利比亚和努米底亚的荒漠中也有成群结队的灰驴，这些驴跑得很快，只有斑马能与它们一决高下。

由于驴皮十分坚韧又富有弹性，于是人们开发出了各种各样的用途。人们用驴皮来做皮筛子、皮鼓、高级皮鞋；人们还会在驴皮上轻轻地刷一层石灰，用它来制作书籍的皮纸封面；东方人还会用驴皮来制作一种叫“萨格里”（chagrin）的东西，就是我们所说的驴皮革。这种动物的骨头就像它的皮一样，也要比其他动物的骨头更坚硬，因为古人们曾用驴骨制

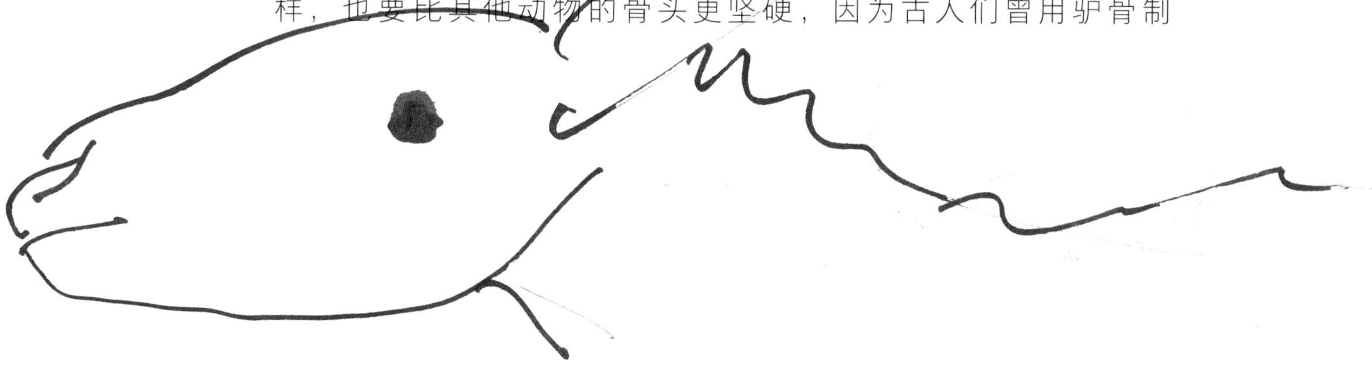

笛子，这种驴骨笛子的声音要比其他动物骨头做出来的笛子都响亮。

在所有与驴体形相近的动物中，驴能负担的重量几乎是最大的；与此同时，它几乎还消耗不了多少粮食，可以说，它也用不着人们费什么心思去照顾。不论是在乡村、磨坊还是其他什么地方，驴都能派上用场。驴甚至还可以充当人们的坐骑，它的步伐总是很稳当，不像马一样会大意失蹄。

LE BŒUF 牛

牛

要是没了牛，不管穷人还是富人，大家的日子都不会好过。土地会一片荒芜，田野甚至花园都会变得干涸贫瘠。牛总是竭尽全力地干着农活，它是乡村劳作的主力，是农场里最有用的家畜，是乡野人家的得力助手。从前牛为人们带来财富，如今它仍然是那些只能以土地种植和大量牲畜为根本并以此发家致富的国家的财富之源，因为只有牛才是真正的财富；其他东西，即便黄金白银都只是被人们赋予了价值，它们只是财富的一种代表、一种基于信用的货币，它们所拥有的价值都取决于土地出产的产品能赋予它们多少。

牛不像马、驴、骆驼这些动物一样适合负重，它的背和腰的形态已经表明了这一点；但它粗壮的脖子和宽阔的肩膀同样意味着它是拖拉的能手，也适合套着牛轭，这样牛就能更好地干活了。但更奇特的是，这种做法并不普遍，外省（巴黎之外的省份）的人们都让牛用牛角拉东西。对此唯一的解释是，当牛角被套上车或其他什么东西的时候，人们能更容易地控制它们。牛的头部极其健壮有力，通过这种套头的方法，人们能让牛老老实实地拉东西，但相比起让它们用肩膀干活，这种方法无疑没多大优势。牛看起来就像是为了犁地而生的：从它庞大的身躯、迟缓的动作、低矮的四肢，到它在劳作时的安静与耐心，所有这一切看上去都是为了让牛这种动物更适合在田间耕作。比起其他任何动物，只有牛才能战胜土地在它辛勤劳作时带来的源源不断、花样繁多的挑战。至于马，尽管它的强壮可以跟牛相提并论，但它不能胜任犁地这项工作：马的腿太长了；动作也大开大合，疾行疾止；除此之外，它还耐心不足、极易气馁。犁地这项工作需要的是长久的耐心而非一时的激情，靠的是量的积累而不要求有多快的速度；比起灵活性，显然重量级的身体更有优势。要是人们把这样沉重的担子压在马身上，无疑会剥夺掉它的一身轻捷，其行动的灵巧、身姿与步伐的优雅也将不复存在。

一头适合耕地的好牛，应该既不太肥也不太瘦；它的头应该短小精壮；耳朵要大，耳上牛毛浓密，还要长得十分匀称；牛角有力，光泽莹润，大小适中；前额宽阔；眼睛又黑又大；鼻端大而塌平，鼻孔大张；牙齿洁白，大小均匀；嘴唇乌黑；

脖子多肉；肩膀宽厚有力；前胸宽大；而颈部垂皮，就是牛身前的皮，要恰好到膝盖之间；腰部粗壮；肚子大而下垂；肋部宽阔；长胯厚臀；大腿强壮有力；背部平坦丰满；尾巴下垂至地，上面的毛要又细又密；牛蹄坚实；牛皮粗糙又好用；肌肉发达；趾甲短而大。一头好的牛还要对戳牛棒敏感，能令行禁止、好好训练才行，但这些只能慢慢地培养。要想让牛养成习惯，能自觉地套上牛轭，老老实实地听人差遣，得花上不少时间。从牛两岁半或三岁多一点起，就应该开始驯养和控制它，要是再晚一些，牛就会变得难以管教，常常就不易驯化了。耐心、温柔，甚至是关爱，这是人们对待牛的唯一方法；暴力和虐待只会招致它们的嫌弃厌恶。所以人们应该给牛擦拭身体，爱抚它们，时不时给它们吃些煮好的麦粒、切碎的蚕豆以及其他这类的营养物。这些都是牛最爱吃的，要是再拌上点盐，它们就更喜欢了。与此同时，人们还要常常绑上它们的角，给它们套上牛轭，过几天再让它跟另一头体形差不多但已经训练好的牛一起拉犁。要用心些，把两头牛拴在一个食槽边，一起带到草场上去，好让它们相互熟悉，习惯一起行动、步调一致。千万不要一开始就用上戳牛棒，这只会让它们变得更难对付。当然也要爱惜牛，别让它们没日没夜地干活，因为要是牛还没训练好，它是很容易疲惫的；同样的道理，这时候得好好喂饱它们才行。

在北方，人们大量地腌制和熏烤牛肉，不是为了给海员加餐，就是为了在市场上卖个好价钱。还有一些国家出产大量的牛皮。这种动物的角是人们最早的用来喝东西的容器；是人们为了提高音量，最早吹响过的乐器；也是人们用来替代玻璃、制作灯笼的最早的透明材料。人们将牛角软化、加工、打磨，制成盒子、梳子还有其他各种各样的物件。关于牛就说到这里了，因为自然历史就该在文艺故事开始的地方结束。

LE TAUREAU 公牛

公牛

公牛的主要任务就是繁衍后代，尽管人们也可以驱使它干活，但它可没那么顺从，况且人们还要警惕它的一身蛮力。这种动物天性如此，生来就性格骄傲又难以管教；在发情期还会变得更难以控制，且时不时地暴怒发狂。但通过阉割，人们就能从根源上解决这种狂躁的行为，与此同时还不会对它的力气有丝毫损伤。它只会变得更强壮、更大块头、更吃苦耐劳、更适应人们施加给它的工作；它也会变得更易管教、更加耐心、更加温顺，当然也不会那么讨人厌了。一群公牛就是一群人们难控制的动物，压制不住也驾驭不了。

公牛还是需要好好挑拣挑拣的，就像种马必须是马种中最俊的一样。公牛要膘肥体壮，长得好看，肌肉发达；还要有黑黑的眼睛，目光傲然；前额宽阔；脑袋短小；牛角粗短发黑；耳朵要长，其上牛毛要浓密；吻部宽大；鼻子又短又直；脖子肥厚；双肩和前胸都要宽阔；腰部坚挺有力；背部挺直；四肢健壮多肉；尾巴要长，还要牛毛密布；步伐应坚实稳当；牛毛以红色为佳。

尽管古人曾记录道，母牛、阉割过的公牛，甚至是小牛犊，它们的声音都比公牛的要低沉得多，但可以确定的是，公牛的声音要比它们的都浑厚有力。因为相比母牛、阉割过的公牛和小牛犊，即使公牛在更远的地方发出声音，人们也能听到。是什么让公牛的声音听起来没那么低沉呢？这是因为当公牛哞哞叫时，它的叫声不是单一的声音，而是跨两三个八度的复合音。声调越高，越能让人们听清楚。要是集中注意力，人们还能同时在其中听到一种低沉的声音，这种声音要比母牛、阉割过的公牛和小牛犊的声音还要低沉。母牛、阉割过的公牛和小牛犊的叫声还特别短。公牛只在发情时才哞哞叫。

LE BÉLIER 公羊

公羊

公羊的自身条件没什么厉害之处。它所谓的勇气，对它自己而言也不过是没用的急躁性格，同时也让人厌烦，而人们会通过阉割它们来解决麻烦。阉割过的公绵羊甚至要比母羊还要羞涩。由于胆小，羊儿们常常会聚集成群，一点点奇怪的声音都足以让它们张皇失措，彼此紧紧挤在一起；随之而来的则是强烈的迟钝和呆滞，因为它们不知道如何更好地躲避危险。羊儿们看起来都感知不到自身环境的不舒服，它们在哪就在哪，哪管下雨还是下雪；它们就是那么顽固，就是要待在那里不动。想要让它们迈开步子，换个地方，必须要给它们找个领头羊，让它带头走出第一步才行。只有领头羊动了，羊群才会一步接一步地跟着走；要是这个领头羊不动了，剩下的群羊就会跟着停下来；要是牧羊人不驱赶它们，或是没有牧羊犬督促，它们就会在原地一动不动。至于牧羊犬，它的职责就是守卫羊群的安全，保护它们、引导它们，把它们聚在一起并带领羊群运动起来；运动正是它们缺少的。

爱是动物最生动，也是最普遍的情感。这种情感也是唯一能让公羊们多点生气活力，多动一动的东西了。受到爱情的刺激，公羊们会变得活跃，开始打斗，并向着其他羊冲过去，有时它们甚至会攻击自己的主人。

公羊当然是千挑万选出来的最强壮、最英俊的羊：必须要有羊角才行，因为有一些公羊的确没有羊角。在这种环境下，这些没有角的公羊没那么健壮勇敢，也就不太适合去交配繁殖。一头漂亮又健壮的公羊必须要有大而有力的头、宽阔的前额、又黑又大的眼睛、塌鼻子、大耳朵、粗短的脖子、修长又高的身躯；腰粗臀壮、睾丸要大、尾巴要长，最好是白色的；同时腹部、尾部、头部、耳朵直到眼睛，都要覆有羊毛。

都说绵羊对极细微的声音都十分敏感，芦笛的声音对它们而言也极有吸引力。伴随着这种音乐，它们会认认真真地吃草，把自己喂得饱饱的，渐渐变得膘肥体壮。但人们也常说，芦笛只是牧羊人寂寞无聊时的消遣罢了，也正是牧羊这种悠闲又有些寂寞的工作催生出了这种艺术，这种说法也更有根据。

LE CHAT 猫

猫

猫可不是一个忠诚的仆人，人们养它只是出于实际需要罢了：就是为了让它来对付家里另外一种讨人厌却又抓不住的敌人。毕竟不是所有人都对各种各样的动物感兴趣，愿意养一群猫来玩：养一只是有用，其他的纯属消遣浪费。猫这种动物，尽管它们小的时候很可爱，但它们骨子里还是有一种与生俱来的淘气，它们脾气糟糕，还天生反骨；年龄的增长和人们的教育也只能让它们把这一切都掩饰起来。当猫长大后，它们只会变成随机应变、阿谀奉承的“骗子”，就像个调皮鬼一样。它们依旧机灵敏捷，还有兴趣做点坏事，也热衷于小小地“打劫”一下人们。它们会隐藏自己的动作，掩饰自己的意图，静候时机，耐心等待，选择瞬间出击，接着又逃避处罚，躲得远远的，直到人们唤它们回来。它们很容易习惯人类社会的生活，但就是学不会各种嘉言懿行。猫只是表面与人亲昵，它们别扭的动作、遮掩的眼神都表达了它们的真实内心：它们从不正面直视它们喜爱的人。不管是不信任还是虚情假意，它们只会拐弯抹角地靠近人类，寻求人类的爱抚。猫对主人的爱抚十分敏感，这会让它们感到开心。不同于那种喜怒哀乐都随自己主人的变化而变化的忠诚动物，猫看起来只在乎自己，只关心自己的情况，只会在自己愿意时才主动社交。正是出于这种性情，相比真诚率直的狗来，猫还能勉强与人和谐相处。

猫的形态与体质都与它的天性相呼应：猫长得可爱，轻盈灵巧，爱干净又贪图享乐；它们喜欢安逸，总是寻找最柔软的地方来休息和玩耍；猫还沉溺于爱情中，母猫可比公猫要热情得多，这在其他动物中很少见。

小猫总是喜气洋洋、活泼可爱，很适合跟小孩子们一起玩耍，前提是孩子们不害怕它们的爪子。尽管它们在打闹时看起来很可爱，动作也很轻，但也不是毫无威胁，尤其是它们有时会习惯性地调皮一下。猫只能在一些比它们更小的动物身上施展它们的天赋优势：它们会专心致志地潜伏在鸟笼边，静候着小鸟、小家鼠或其他小老鼠。猫不用训练，它们天生就是捕猎的好手，比受过最好的训练的狗还要厉害得多。猫生来就厌恶一切拘束，这也让它们不可能接受系统的学习。尽管如此，还是有说法称，塞浦路斯岛的僧侣们就曾训练过猫，让它们去追踪、抓捕并杀死蛇，后者在塞浦路斯岛上泛滥成灾。但这些猫之所以会去捕蛇，可能更多是出于它们对搞破坏的普遍爱好，而不是出于对命令的服从。因为猫本就乐意去侦察、去进攻、去无差别地消灭所有弱小的动物，比如说小鸟、幼兔、小野兔、小家鼠、小田鼠、蝙蝠、鼹鼠、蟾蜍、青蛙、蜥蜴还有蛇。猫可一点都不温顺。同时，猫也缺乏灵敏的嗅觉，这一点可是狗身上的两大突出优势之一。猫不会去追捕那些看不到了的动物：它们看上去是不会再追了，但它们会静候时机，再出其不意地袭击那些小动物。得手之后，猫会玩弄它们的猎物很久；猫能吃好喝好，一点儿不需要这些战利品来满足它们的胃口，但就算没有必要，猫在玩过之后也会杀死它们的猎物。

猫喜欢在暗处观察，然后突然袭击其他动物。猫之所以有这样的习性，最直接的生理原因在于其眼睛的特殊构造，这种构造给它带来了捕猎上的优势。不管是人类还是其他大部分动物，其瞳孔都能在一定程度上收缩或张大：当光线不足时，瞳孔就放大；当光线过于强烈时，瞳孔就收缩。在猫和夜禽的眼睛中，这种放大和收缩的幅度就更大：在黑暗中，它们的瞳孔会张得又大又圆；到了大白天就缩得又长又细，就像一条线。

正因如此，这些动物在晚上看东西要比在白天看得清楚得多，在枭鸟和猫头鹰等动物身上，人们都可以观察到这种现象。在不受限制的情况下，动物的瞳孔总是呈圆形。白天时，猫的瞳孔总是保持收缩状态，不是说只要它们努力睁大眼睛就能在强光下看清东西；相反，到了黄昏时，猫的瞳孔开始回到自然状态，这时它们能清楚地看东西了，借此优势，猫才能识别、攻击、突然捕捉其他动物。

就算猫住在人的家里，人们也不能就此说猫是一种完全家养的动物。就算是驯化程度最高的猫，也不会顺从到哪去；人们也可以说，它们就是完全自由的。猫只会做自己愿意做的事，世界上还没有人能让猫在它们不乐意待的地方多停留哪怕一秒。除此之外，大部分猫都是半野生的，它们不熟悉自己的主人，经常待在谷仓和屋顶，有时也去厨房或配餐室，当然这是在它们饿了的时候。就算人们养的猫比狗还多，但由于人们经常见不到它们，所以它们的数量没有引起轰动。猫与人的接触还不如它们与房子的接触多，当人们把猫带到很远的地方后，比如一两（古）里之外，它们也能自己回到仓库。很明显，这是因为猫能认得所有的老鼠洞、所有的路线和通道。与其适应一个新的环境，还不如长途跋涉回到自己的老巢，奔波的痛苦可要比在新的地方得到同等便利所需的付出少得多。

猫怕水，畏寒，不喜欢臭味；它们喜欢待在阳光下；它们总是在最暖和的地方过夜，比如烟囱后面或者窑炉里；猫还很爱香味，它们乐意被身带香味的人抱住并抚摸。

咀嚼对猫而言是件十分困难的事，它们只能慢慢地嚼。猫的牙齿相当短，长得也不够好，因此它们的牙只能用来撕扯食物，而不方便细细咀嚼。正因如此，猫喜欢吃一些柔嫩的肉；它们喜欢鱼肉，煮熟的或生的都能吃。猫会频繁地饮水。它们很少沉沉睡去，睡眠时间也不多，很多时候它们只是看起来在睡觉罢了。猫的步伐轻盈，几乎一直都是悄悄的，不发出一点声音。它们会悄悄躲起来或跑到远处去上厕所，之后还会把排泄物埋起来。猫很爱干净，它们的皮毛总是干燥清爽、有光泽，因此它们的毛也很容易带电，当人们在黑暗中用手摩擦它们的毛时，能看到电光闪现。在黑暗中，猫的眼睛也能发光，这一点有些像钻石：在夜晚，钻石会反射出白天射入其中的光。

要是野猫与家猫交配，那最后生出来的所有小猫都只会是一个品种的。在母猫和公猫的发情期，人们可以看到家猫离开家，跑到树林里去找那些野猫，之后再回家，这可并不稀奇。就是这个原因，一些家猫才会看起来长得跟野猫一模一样。野猫比家猫强壮，当然也粗糙多了：野猫的嘴唇总是黑黑的，耳朵绷得更紧，尾巴更粗大，毛发常年不变；要是变成了家猫，它们的皮毛就会变得更加柔顺，颜色也会发生变化。

LE CHIEN 狗

狗

狗除了美丽的样貌、活泼机敏的个性、卓越的力量与灵巧外，它所有其他的内在优点也都十分能吸引人类的目光。野狗激动、易怒、残忍甚至血腥的天性使所有动物都对它望而生畏。在性情柔和、喜欢黏人、活泼快乐等方面，野狗必须给家养狗让位。家养狗会匍匐在自己主人的脚边，献上自己的勇气、力量与才能；它等着主人的命令才施展自己的天赋。家养狗会听从主人的支配，探寻主人的意图，得到主人的允许才行动；只要一个眼神，它就能自觉领会主人的意思。狗不像人类一样有思考的智慧，它所有的仅仅是热烈的情感，它是如此忠诚坚定。除此之外，它没有野心、没有私欲、没有报复心，也不害怕不讨人喜欢；狗相当热情、活力十足、绝对服从。狗记好不记坏，对恩惠的记忆可比对伤害的记忆深，即使受到虐待，也不会灰心丧气；狗会忍耐、会忘记这一切，或者只为了更好地依附主人才记住这些；狗不会发怒或逃跑，而会自己面对新的考验；它会轻舔主人的手，即使就是这只手拍打了它，给它带来痛苦；它只会对主人哼哼两声，抱怨一下，最后还是会用自己的耐心与顺从让主人心软。

狗比人类更顺从，比其他任何动物都要温顺。它们不仅只用花很少的时间来学习，还能适应主人们的各种活动、作风和习惯：住在哪儿，就按照哪儿的方式生活，十分入乡随俗。跟其他家养动物一样，大城市里的狗一副傲慢的样子；乡下的狗则十分粗野。狗永远只对自己的主人殷勤，也只对自己的朋友们体贴；它们对陌生人不屑一顾，还会对那些看起来不是很正常的人大吼大叫，闹得他们心烦；狗会通过衣着、声音、举止来判断这些人的情况，还会阻止他们靠近。当人们在夜里将看守家门的重任交给狗时，它们会无比忠诚，甚至有时看起来会有些夸张：它们精神抖擞、认真巡逻，间隔很远就能闻出陌生人的气味；要是有陌生人停在栅栏前，或是试图穿越栅栏，狗就会立刻冲过去阻止他们；它们还会大声“汪汪”叫个不停，声音里满是怒火，狗在通过这样的方式给主人发出警示。在战斗时，狗会像其他食肉动物一样凶狠地攻击目标：狗会冲向敌人，撕咬扭打，让他们遍体鳞伤，把他们费力想要抢走的东西夺回来。一旦胜利，狗就心满意足了，这时它们会守着战利品休息，就算自己食欲满满，也绝不碰一丁点儿。这同时也很好地证明了狗的勇敢、克制以及忠诚。

在那些荒无人烟的地方，有些野狗的性情跟狼没什么两样，唯一的区别就在于这些野狗还是比狼要容易驯服。它们也会三五成群地聚在一起，组成一个大集体，一起攻击野猪、野牛甚至狮子、老虎。在美洲，这些野狗原本都是家养的，它们随人从欧洲远道而来，其中一些就被遗忘或抛弃在荒野了。这些狗在野外繁衍生息，扩大种族，到后来它们甚至能够成群结队地游荡进人类的生活区。它们攻击家畜，甚至还会袭击人类，于是人们不得不用武力驱逐它们，像杀死其他凶猛的野兽一样杀死它们。这些狗之所以这样做是因为它们不认识这些人，但只要人们慢慢地靠近这些狗，温柔些，它们就会变得温和，而且会很快跟人亲近起来，最后对主人忠心耿耿。狼就不会这样，就算人们抱一只幼狼回家，慢慢把它养大，它也只会在小的时候温顺听话一点；狼绝不会放弃对捕猎的渴望，它们迟早都要暴露自己爱抢劫、爱搞破坏的倾向，并沉迷于此，不能自拔。

可以这么说，狗是唯一一种忠诚经得起考验的动物；唯一一种会永远记得主人和家里其他朋友的动物；唯一一种遇到不认识的人时能做出判断的动物；唯一一种能听懂人们是在叫自己的名字，辨认得出家里人声音的动物；唯一一种不会只依靠自己的动物；唯一一种在与主人走失，找不到主人时会低声呼唤主人的动物；唯一一种能记住只走过一次的长旅途，以后也找得到路的动物。最后，狗也是唯一一种天赋出众、训练有效的动物。

那些被遗弃在美洲荒野的狗，一百五十年至两百年来它们的后代都过着野狗的生活，不管它们最初是什么品种（因为人们已经证明了它们最初都是家养狗），在这漫长的时间里，也已经接近或部分接近它们的原始形态了。

然而航海家们告诉我们说，这些狗看起来很像我们的猎兔犬。他们还讲述了一些刚果地区的野狗或变成野狗的家养狗的事，它们同美洲地区的野狗一样成群结队，以此跟老虎、狮子等猛兽战斗。这些野狗又瘦又轻，但因为猎兔犬跟看门犬或者所谓的牧羊犬的差别甚小，人们也有理由相信，这些野狗其实是看门犬或者牧羊犬，而不是猎兔犬；因为另一方面，早期的旅人们也曾说过，加拿大地区土生土长的狗的耳朵更直，就像狐狸一样，它们看起来长得跟村子里中等大小的看门犬差不多，也就是说跟我们的牧羊犬长得也差不多。

人们可以就此推论说，在所有犬种中，牧羊犬与这种野狗的原始品种是最接近的。这种说法有一定的真实性，因为在所有无人定居或人烟稀少的地区，那里的狗看起来最像牧羊犬，而非其他什么品种的狗。在新大陆全境范围内，也没有其他品种的狗；在欧洲大陆北部和中部，人们同样能看到这样的牧羊犬；在法国，人们通常把它们称为“布里犬”。在一些气候温和的地区，尽管人们更多地致力于繁殖其他更可爱、更讨人喜欢的犬种，而不是维持这种牧羊犬的数量，它们的数量也还是相当庞大。它们的存在只是因为有用，正因如此，人们瞧不上这种狗，而是把它们都交给要照管羊群的牧民。如果人们也重视这种狗，就会发现尽管它们长得难看、面色沉郁、野性十足，但它天生就比其他品种的狗要优秀。它们就是那副脾气，再怎么教育都没用。可以这么说，这种狗生来就很聪明；仅凭天性，自己就会承担起看护羊群的重任，同时还兢兢业业、警惕性强、忠心耿耿。它们还有着令人赞叹的智慧，只不过这一点鲜为人知罢了。牧羊犬的才干令它们的主人都惊讶，当然也能让主人得到休息。要想训练其他品种的狗做人们想让它们做的事，非得花上大量的时间和精力不可。人们可以坚信，这种狗就是真正的自然之狗，大自然将它们赋予人们，为人们带来了巨大好处。这种狗与人类彼此联系、相互依赖，彼此之间有最深的羁绊。最后，人们可以把它看作所有品种的狗的起源和原型。

LA CHÈVRE 山羊

山羊

山羊乐意来到人们身边，它们能轻而易举地跟人们亲近起来；它们对人类的爱抚十分敏感，也会迷恋这种感觉。山羊也很强壮，比起绵羊，它们更矫健、轻盈，也没那么容易害羞；它们生动活泼、脾气反复、淫荡好色、飘荡不定。想要引导它们，把它们都赶进羊群里，可要花大工夫才行。山羊喜欢各自分散，喜欢挑战陡峭的地方，喜欢站在悬崖尖角、峭壁边上，甚至在那些地方睡觉。母山羊们会急不可耐地去找公山羊，它们会热烈地交配，早早地就能繁衍后代。山羊身强体壮，很好喂养，几乎所有的草它都能吃，只有极少数的草是它们不喜欢的。所有动物的天性都会影响它们的性格，就山羊而言，本质上它们的天性与绵羊没什么不同。这两种动物的内部构造几乎是完全一样的，饮食、生长、繁殖都是一样的方式，就连可能患有的疾病都非常相似，当然，一些山羊不容易患的病除外。山羊跟绵羊一样，都不怕酷热，它们可以在太阳下睡觉，甚至会主动跑到最灿烂的阳光下去，这可不会让它们感到不舒服，如此酷热也不会让它们头昏眼花、晕头转向；山羊不惧风暴，面对绵绵细雨也不会显得不耐烦，但它们看起来对严寒十分敏感。

动物的户外活动量更多与其自身体力有关，食欲、活动欲的变化也会有所影响，这跟它们的身体状况反而没多少关系。出于各种原因，比起绵羊，山羊的活动量更难测量，但山羊明显更活泼好动。山羊运动的随机性体现出了它们天性中飘忽不定的特点：漫步、驻足、跑动、蹦蹦跳跳，忽而靠近、忽而远离，攀爬、躲藏或者逃走，全都是山羊的心血来潮，除了它们内心深处的奇特活力，再没有其他解释了。灵活的四肢、矫健的身躯，足以让山羊的一切动作都显得灵活又迅速，这都是天生的。

当人们把山羊和绵羊混在一起放牧时，山羊才不会老老实实地待在自己的位子上，它们总是喜欢跑到队伍前面去。最好还是把它们分开，把山羊单独赶去山丘。山羊还是更喜欢更高的地方，甚至是最陡峭的山上。即使在欧石楠丛生之地、在荒野、在未开垦的荒地甚至在那些不毛之地，山羊都能找到足够的食物。在放牧时，必须要让山羊远离耕地，并阻止它们进入麦田、葡萄园或者树林里，因为山羊会给那些才萌生出来的幼苗带来巨大的伤害。就算是小树的幼枝和嫩皮，山羊也能啃得津津有味，这样一来，没有哪棵树能得以幸存。山羊讨厌潮湿的地方，如多沼泽的牧场和泥泞的草地。在平原地区，人们很少饲养山羊，它们在那里不会长得太健壮，品相看起来也会不太好；在绝大多数气候炎热的地方，人们会大规模地饲养山羊，且不用给它们修建羊圈。但在法国，要是人们在冬天的时候不给山羊一点遮蔽，它们可能就会熬不下去。夏天时，人们大可不必给山羊们铺上垫草；但冬天就必须这么做了，因为哪怕只有一丁点儿的潮湿，山羊都会感到不舒服，所以人们也不能让它们直接睡在自己的粪肥上，要常常给它们换上干燥的垫草才行。人们一大清早就把山羊赶去草场；对绵羊而言，还带着露珠的草可不是什么好东西，但对山羊就不一样了。由于山羊难以管教又爱四处游荡，所以一个牧羊人，不管他有多强壮多机灵，最多也只能照看五十头山羊。

人们发现世界许多其他地方的山羊都跟法国的山羊长得很像，只是几内亚和其他热带地区的山羊长得小一点；莫斯科和其他寒冷地区的山羊则要大得多；安哥拉或叙利亚山羊的耳朵是垂着的，但是跟我们国家的山羊还属于同一个品种，即使在我们国家这种气候环境中，它们也能跟本地的山羊混在一起，一起繁衍生息。公安哥拉山羊的角跟普通公羊的角差不多长，但它们的羊角生长和扭曲的方向则不相同；公安哥拉山羊的角可以顺着脑袋，向各个方向水平伸长，并像螺旋钻那样形成螺线。母安哥拉山羊的角则相对短一些，羊角的弯折和生长方向也不尽相同，可能会向后、向下或向前弯曲，在最后一种情况下，羊角会长到母安哥拉山羊的眼睛旁。人们能在国王动物展上看到普通的公羊和安哥拉山羊，它们的角就长得像我们刚刚描述的那样。这些山羊跟叙利亚几乎所有的其他动物一样，都有又长又厚的毛，同时它们的毛还很柔软细腻，织出来的织物就跟丝绸制品一样美丽而有光泽。

LE CERF 鹿

鹿

这是一种纯洁、温柔、安静的动物，它的诞生仿佛只是为了装点寂寞的森林，为森林带去生气。它宁静地隐居在森林这座大自然的花园中，远离人类世界。它的体态优雅、身姿轻盈，修长的曲线同样值得赞叹；它的四肢柔韧矫健；头上的角与其说是武器，倒不如将它看作逼真的树枝装饰，就像树梢一样，年年都会换新；它的高大、灵巧与力量，使它在森林的众多居民中脱颖而出。鹿算是森林居民中最高贵的一个，因此它得到了最高贵的人们的欣赏，它历来都会受到英雄们的赞美。

鹿的眼睛看上去生得很好，同时它的嗅觉灵敏，听力出众。当鹿想要听什么的时候，它会抬起头，竖起耳朵，这样它就能听到很远处传来的声音。要是鹿来到一片低矮丛林，或其他某个半露天的地方，它会先停下来，观察四周，接着站在下风方向，闻闻周围是否有会打扰到自己的人或动物。鹿生性单纯，然而它还是有好奇甚至狡猾的一面：要是人们在远处鸣笛或是呼喊，它就会停下来，面带好奇、一动不动地看着那些车马人群；如果没有武器也没有狗在，鹿就会继续安心地前行，骄傲地走自己的路，不会惊慌逃跑。鹿也会心怀喜悦、安安静静地听牧羊人的芦笛声或竖笛声，有时狩猎者就用这种方法来打消鹿的疑虑。通常，比起人类，鹿更怕的是狗，只要鹿一直心里不安，就会心生疑虑，并做出狡诈的举动。

随着年龄的增长，鹿的嗓音会更加有力、更加粗犷、更加颤动，母鹿的嗓音会更弱更短一些。鹿不会因动情而发声，只会出于恐惧而鸣叫。在发情期，雄鹿的声音听起来还有些可怕；它还会变得十分激动，这时任何事物都不能让它担惊受怕，这会儿人们就可以轻而易举地出现在它面前了。由于鹿的脂肪更加丰厚，所以它在狗面前坚持不了多久；但要是真的陷入绝境，鹿也会疯狂地冲向它们。冬天时，鹿不会去喝水，春天时就更是如此了，对鹿而言，嫩草和上面的露水已经足够，但是到了炎热干燥的夏天，鹿也会去小溪、水塘或泉边喝水。到了发情期，鹿会浑身发热，这时候它就会到处寻找水源，不仅是想要缓解难忍的口渴，更是为了洗洗澡，清洁一下身体。鹿的游泳技术相当好，游得也十分轻快，因为在任何情况下，同样体积的脂肪比水轻。人们能看见鹿游过极宽阔的河，甚至人们可以确信，在鹿的发情期，雄鹿会不顾一切地纵身跃入大海，跨过遥远的距离，游过一个又一个小岛，只因被雌鹿的气味吸引。鹿的跳跃能力比它的游泳技术还要高超，鹿能轻巧地跳得很高；在被追赶时，它能轻轻松松地跳过篱笆，甚至快两米高的栅栏也不在话下。鹿的食物随着季节的变化而改变：秋天，发情期过后，鹿会寻觅绿色小灌木的嫩芽、欧石楠的花朵、刺藤的叶子等；冬天，下雪时，鹿则会剥树皮，以树皮、苔藓等为食；天气暖和些时，它也会到麦田里觅食；等春天来了，白杨、黄花柳和榛树的花穗，欧亚山茱萸的花朵和嫩芽，这些都是鹿的食物；夏日里，鹿的选择就更多了，但在各种谷物里，它偏爱黑麦，植株方面，鹿最喜欢的是药炭鼠李。

鹿只生活在森林里，也就是说它是以树木为生的。鹿身上也带着一种“木头”，只不过与它的食物相比，这种“木头”不过是一些没用的东西罢了。这一截“木头”只是附带的，甚至可以说，鹿身体上长着的这种东西看起来还有些奇怪。这样的东西不会被当作鹿本身的一部分，因为它虽然长在鹿身上，但却是实实在在的植物。这一部分从一开始就保留了植物的特性，就其生长方式来看，鹿身上的这截“木头”跟树枝很像，生长、分枝、硬化、干枯、脱落……在停止汲取营养，变得完全坚硬后，它会自动从鹿身上脱落，就像果实成熟时会从树枝上掉下来一样。

鹿从两岁到八岁，鹿角每年都会长粗长高；在鹿的一生中，它的鹿角总是那么美丽，而且几乎就长一个样子。当鹿老去时，它的鹿角也会随之衰弱。很少有鹿的角有超过二十或二十二个侧枝，即便是最优美的鹿角，侧枝的数量也不是始终不变的。同一头鹿，经常是这一年的鹿角有这么多侧枝，到了下一年，侧枝的数目就变多或者变少了，这都取决于它的营养和休息状况。同样地，鹿角的生长状况要取决于食物的多少；鹿角的品质也会受到食物质量的影响，就像森林里的树木一样，在气候湿润、土壤肥沃的地区，树木就长得高大、柔嫩、质量轻；干燥贫瘠的地区恰恰相反，那里的树木矮小、坚硬而厚重。

LE LOUP 狼

狼

狼是最痴迷于肉食的动物之一，随之而来的则是狼天生就有满足自己这种胃口的本领。狼有着尖牙、利爪、计谋、敏捷、力量，总而言之，它们拥有在寻找、袭击、抓捕、制服以及享用猎物时所需的一切条件。然而就是这样，狼还是经常要忍饥挨饿，因为人类会向狼宣战，通过悬赏它们的头颅而将它们驱逐。人们使狼不得不逃跑，只能待在森林里。森林里又有什么呢？狼只能找到一些野生的动物，就这样，这些动物还常常凭借着自己的速度从狼爪下逃走。在这些动物可能出现的地方，狼只有耐心等待，或者走运才能突然寻到它们；狼不仅要等很久很久，还常常无功而返。狼本身就粗鲁又胆小，但有需要时，它们又能变得机敏；必要时，也会化身勇士，比如：受到母狼敦促时，它们也会大胆冒险，在人类的眼皮子底下攻击家畜。狼能轻而易举地抓到一些小动物，比如小羊羔、小狗和小山羊，一旦得手了，它们就会频繁地再次光顾，直到被人类打伤，或受到狗的驱赶，遭受失败为止。在白天，人类气势正盛，狼就会低调潜伏；狼只在夜晚出没，它们会走遍整个村子，在民居周围晃荡，趁机掳走落单的家畜。袭击羊圈时，狼会先在门前的地上刨来刨去，接着猛地冲进去，在挑选战利品前先把它们统统咬死。要是跑这么几趟还是颗粒无收，狼就会返回森林深处，继续寻找目标、追踪踪迹、抓捕那些野生动物。在抓捕猎物的过程中，它们会期待着能有另一头狼在猎物逃跑的过程中把它们拦下来并抓住，要是这样，狼们就会一起分享战利品。最后，要是真的饿得不行了，狼还会袭击女人和孩子，有时甚至会冲向男人。这些暴行使狼变得疯狂，而被狼袭击的人通常会患上狂犬病，他们的结局也只有死路一条。

不论是内在还是外表，狼都跟狗是如此相似，它们就像是一个模子里造出来的。然而，狼还是会呈现出一些与狗相反的特点，或者在截然相反的一面表现出与狗相同的特性。就算它们的外表相似，其他的地方也完全不同。狼与狗的性格天差地别，它们不仅不能好好相处，甚至还天生对立，本能地把对方视为敌人。小狗第一次面对狼时，会浑身发抖，在嗅到狼的味道时，它们会转身逃走，就算这味道之前没闻过，也不熟悉，但小狗就是很抵触，它们会哆哆嗦嗦地跑回主人腿边；辨别出这是狼的大型猎犬则会怒发冲冠，气势汹汹并勇敢地冲上去与狼缠斗，争取把它们打得落荒而逃，同时用尽全力结束这种讨厌的会面。只要狼和狗碰面，双方不是互相躲避，就是冲上去厮打在一起，没有哪一次例外；一旦开打，必然是拼命的架势，直到一方死亡为止。要是狼实力稍强，它就会把自己的猎物撕成碎片再吞得一干二净；狗就不一样了，它更加宽厚，只要胜利就心满意足了，并不会觉得敌人的尸体闻起来有多诱人，它自己还要守卫牧场呢。狗会把这些战利品都让给乌鸦，甚至是其他狼，因为狼群之间也会相互吞食。当一头狼伤得很重时，其他的狼就会顺着血迹尾随其后，聚在一起给它致命一击。

狗，即便是野狗，都没有狼那样残暴的性格；驯养它们很容易，狗也会依赖自己的主人，并保持忠诚。至于狼，就算它从小被人带回家养，也根本不会老老实实地依附主人。天性的力量要比后天的教育强大得多，随着年龄的增长，狼会日渐重拾凶残的本性，只要有机会，它就会回到野外，回到野生状态。即使最粗野的狗也会寻找其他动物的陪伴，它们就是那么自然而然地引导并守卫着羊群，跟着它们、陪着它们。这就是狗的一种本能，不是人教育来的。狼正相反，它们是一切集体的敌人，甚至连自己的同类都不屑陪伴：要是有人看见几头狼聚在一起，那可不会是一个和谐的小集体，它们不过是一伙“战争贩子”罢了。它们会制造出巨大的噪音，发出讨厌的嚎叫。这就是它们发出的信号，表明它们又想袭击什么大型动物了，比如一头鹿、一头牛，或者是想要摆脱哪只厉害的大猎犬。一旦它们的“军事行动”结束，它们就会各自分开，又变成孤孤单单的一头狼。即使公狼和母狼都不习惯一直待在一起，它们一年只寻找对方一次；就这一次，它们也不会在一起多长时间。母狼的发情期在冬季，这个时候，会有好几头公狼跟着一只母狼。这些公狼之间甚至比之前提到的捕猎小团体还要血腥残酷，因为它们会彼此争斗，它们会低低嗥叫、浑身颤动、激烈厮打。到最后经常是它们合起伙来把母狼最喜欢的那头狼撕碎。通常母狼会逃避很长一段时间，让群狼都急不可耐，然后趁它们睡着的时候，就跟最机灵或最讨喜的那头狼一起溜走。

狼的气力很大，尤其是它们的身体前段，脖子和下颌的肌肉相当发达。狼张嘴就能叼住一只绵羊，还不会让它拖到地上，而且在这种情况下它们还能跑得过牧羊人。这时候只有真正厉害的狗才能追上它们，迫使它们放弃猎物。狼会狠狠地撕咬，通常激烈得让狗难以招架，因为狗还要留心自己要照看的动物。狗防备着狼，只有在必要时才跟它们打起来，而不会凭借着自己的力量逞凶斗狠。当人们向狼开枪，子弹打中几头狼时，它们就会嗥叫；然而，要是人们直接一棍子打在狼身上，它们不会像狗一样呻吟哀嚎。狼更硬气，没那么敏感，它们比狗更结实。狼可以整日整夜地走路、奔跑、四处游荡；狼不知疲倦，它们可能是所有动物中最不容易被逼得奔跑的了。狗温顺又勇敢；狼尽管很凶残，实际上却很胆小。当狼掉进陷阱里时，它们会大受刺激，同时担惊受怕。这时候人们可以轻而易举地把它们杀死，或者把它们活捉回去，无论怎样，狼都不会反抗。人们可以给狼戴上项圈锁起来，套上嘴套，不管去哪都把它们赶着一起去。就这样，狼也不敢闹一点脾气或表现出丝毫不满。狼的感官十分敏锐，视觉、听觉都很棒，嗅觉尤为突出：它们能闻到远处看不见的东西的味道，几百米外杀戮过后的气味都能被它们感知；它们也能嗅出远处活着的动物的气味，并长途跋涉，一路追踪，到了能得手的范围内，就抓捕猎物。要是狼走出森林，它们也常常借助风的力量来搜集信息；狼会在森林边缘止步，各个方向都嗅一嗅，感受风从远处带来的已经死去或活蹦乱跳的动物的气息。比起死去的动物，狼还是更喜欢新鲜的肉，但即便最臭的腐肉它们也能大嚼大咽。狼还喜欢人，要是狼更强大，它们也许就不会对其他动物感兴趣了。人们可以看到狼群尾随着军队，成群地来到战场上，扒拉那些被草草掩埋的战士，饥渴难耐地大口吞食。这些吃惯了人肉的狼，以后也会专门打人的主意：它们袭击的更多是牧羊人而不是羊群；它们会撕咬女人、掳走孩子……人们把这些罪大恶极的狼称为“狼人”，就是指那些需要小心提防的狼。

人们能用狼的皮毛制作出粗皮大衣，既保暖又耐穿，除此之外，狼身上就再没有其他的好东西了。狼的肉质很不好，以至于所有动物都很嫌弃。狼的嘴里还会发出一股恶臭。最后，狼的面色阴沉、样貌粗野、嗓音骇人、气味令人难以容忍，它们还天生邪恶、性情残暴：不管哪一方面，狼都令人不舒服。狼活着时可憎可恶、为害一方；死了也派不上半点用场。

LE LION 狮

狮

热带地区的陆生动物要比寒带地区或温带地区的陆生动物体形更大、更强壮，也更勇敢、更凶猛；它们所有的自然特性看上去就像当地炎热气候的映照。狮子生长在非洲或印度的炽热阳光下，是所有动物中最强大、最骄傲、最了不起的。不管是狼还是其他食肉动物，都远不是狮子的对手，只能勉强做它们的盘中餐。尽管美洲狮也配得上狮子的名号，但就如美洲的气候一样，要比非洲的狮子温和得多，这也充分地证明了狮子非同一般的凶猛性格可能是过分炎热的气候造成的。在同一地区，一些动物会住在高山上或气候更温和的地带，它们的脾气性格就与生活在平原或者极度炎热地带的动物不同。阿特拉斯山的山峰有时会被积雪覆盖，这一带的狮子，无论胆气、力量还是凶残程度，都比不上比勒杜尔日里德或撒哈拉那被灼热黄沙覆盖的原野上的狮子。那些生活在炎热沙漠里的凶猛的狮子更是往来旅人的噩梦、周围乡邻的大患。幸运的是，这些狮子的数量并不是很多，甚至还总是在减少：跑遍这一地区的人承认说，如今这里的狮子远没有过去那么多了。由于这种强大又勇敢的动物能将其他所有动物都变成自己的战利品，而它们自己却不会成为任何动物的猎物，所以人们可以把这里狮子数量的减少归结于人类数量的增加。因为就算以百兽之王的力量，在一个机敏的霍屯督人或非洲原住民前也无力抵抗，他们经常敢拿着轻便的武器跟狮子们面对面搏斗。

通常，就算在非洲和亚洲南部这些人类不屑居住的地区，狮子也能大量繁衍，仿佛是大自然将它们凭空创造出来。狮子习惯在它们遇见的所有动物身上测试自己的力量，惯常的胜利使它们坚毅无畏、英勇非凡。狮子不清楚人类的力量，它们就无所畏惧；没见识过武器的厉害前，狮子也敢冲上前去。伤口会将它们激怒，但不会使它们害怕。即使对方人多势众，狮子也不会惊慌失措；沙漠里的狮子就经常独自袭击一支沙漠商队。一场持久又激烈的战斗后，就算狮子感觉自己有些体力不支，它也不会扭头就跑，它会在撤退途中持续进攻，并且一直面向对手，绝不转身将后背暴露出来。相反，生活在印度或柏柏尔的城市或小村落周围的狮子已经了解了人类，也清楚人类武器的厉害，它们就失去了勇气，以致于屈服在武器那可怕的声响下。它们不敢进攻，只敢冲向那些小家畜，最后还会被女人或孩子们追得落荒而逃；人们一棍子打下去，狮子就松开猎物跑远了，真是羞耻啊。

这种转变，这种狮子本性的软化，都显示出它们对于人类影响的敏感。并且我们可以看到，在一定条件下，狮子也可能变得温顺，为人类所驯养。历史告诉我们，狮子可以为人们拉动战车，能在战场上冲锋陷阵，也能在人们狩猎时充当先锋。这些狮子都对自己的主人忠心耿耿，只会把自己的力量和勇气对向自己的敌人。可以确信的是，这些从小被人类带回家、跟着家畜们一起长大的狮子非常容易跟那些家畜和谐地生活，甚至能跟它们在一起打打闹闹而不会伤害它们。这些狮子对自己的主人也十分顺从，甚至很亲近主人，尤其是在它们小的时候。就算它们的凶猛天性偶尔爆发，它们也不会冲着对它们好的人去。狮子动作的杀伤力强大，它们的胃口也相当大，所以人们不能就此断定人类驯养的影响力能永远与狮子的天性分庭抗礼。要是狮子长期不能吃饱喝足，或者被折腾得不能好好休息，这时候它们可就危险了。虐待行为不仅会激怒狮子，还会被它们牢牢记在心里，狮子会酝酿着复仇；当然，狮子不会忘记它们受到的恩惠与关爱。我能列举出一系列特殊事件，当然我也承认我自己都觉得这其中有些夸张，但这些事例加在一起还是足以证明狮子生来高贵，即便发怒时也不会失了风度——它们心胸大度，同时感情丰富。人们可以看到，狮子常常会无视一些弱小的对手，对它们的挑衅不屑一顾，要是它们有什么冒犯之举，狮子也会原谅它们。人们也能看见，要是狮子被捉住，它们会显得烦恼厌倦，但不会变得乖戾尖刻；相反，它们会变得温柔起来，服从自己的主人，讨好给他们喂食的那只手。有时人们把一些动物当作猎物扔给狮子，但狮子会留它们一命，仿佛是这种宽厚的行为让狮子自己都感动了，狮子随后也会继续这样保护它们，和平地跟它们生活在一起，把自己的食物分享给它们，甚至有时叫它们全都吃掉也可以。比起失去自己最初的善举得来的善果，狮子宁愿多饿一会儿。

可以说，狮子并不是一种残忍的动物，它们的残酷行为只是出于需要。吃多少就抓多少，狮子不会滥杀无辜；等到狮子吃饱喝足，它们就又回归和平状态了。

狮子的外表同样彰显了它们内在的强大：狮子威严雄壮、目光坚定、步伐豪迈、嗓音雄浑；狮子的体形不像大象或犀牛那样大得夸张，也不像河马或牛那么笨重，没有鬣狗或熊那么矮壮，更不像骆驼一样高低不平，有些过长又有些畸形；狮子的身材极好，体形匀称，看起来就是力量与敏捷的完美结合；狮子既结实又矫健，身上没有过多的肉和脂肪，几乎全是筋腱和肌肉。这种肌肉的力量，在外表现在狮子惊人的弹跳力上，它们轻轻松松就能扑出很远；狮子尾巴的突然动作也是一大证明，它们的尾巴厉害得甚至可以把人扇倒在地；狮子的力量也足以让它们轻松地调动自己的脸部皮肤，尤其是前额那部分，这大大丰富了它们的面部表情，尤其是表达愤怒时；最后，狮子还能摆动自己的鬣毛，狮子在发怒的时候，不仅可以让鬣毛全都竖起来，还可以让它们朝着各个方向活动，这也是狮子肌肉力量的有力证明。

狮子的感情也极其热烈。当母狮发情时，有时它身后会跟着八只甚至十只狮子。它们会不停在母狮周围吼叫，彼此展开激烈的争夺。要是有一只狮子战胜其他所有狮子胜出，胜利者就会变得平静，它会占有母狮并跟母狮一起离开。母狮会在春天生下小狮子，一年只有这么一次；通常母狮会花几个月的时间来照顾和哺育自己的宝宝，因为小狮子需要母亲喂养的最初成长期至少需要好几个月。

狮子这种动物，在它们的所有情感中，即便是最平淡的那种，也比其他动物都强烈，它们的母爱也同样如此。母狮没有公狮那么强壮，也不像它们那么勇敢；母狮更安静，但一旦有了孩子，它们也会变得凶猛。这时候的母狮看起来比公狮还要大胆无畏，不惧任何凶险，不管碰到人类还是其他动物，都会冲上去，把他们当作猎物杀死后带回去分给小狮子们。母狮还会花大量的时间来教自己的孩子们吮血撕肉。通常母狮会在十分偏僻、其他动物难以到达的地方生产。由于害怕暴露，它们会通过来回踩踏或用尾巴挥扫脚印的方法来隐藏自己的踪迹。有时候，要是实在内心不安，母狮还会把自己的孩子转移到其他地方去。要是人们试图把它们的孩子带走，母狮就会变得异常狂躁，并会极其凶猛地反抗。

人们认为狮子的嗅觉并不十分出色，眼神也不像其他大部分猛兽那么好：人们注意到，强烈的阳光会使狮子感到不舒服；它们很少在中午活动，总是在傍晚时分开始捕猎；要是兽群周围有熊熊燃烧的火焰，那狮子根本就不会靠近。除此之外，还有例子也能对此加以证明。人们还发现狮子并不能嗅到远处其他动物的气味，狮子只有亲眼看到它们了，才会开始追捕，而不会像嗅觉灵敏的狗或者狼一样根据气味的线索出击。

狮子的步伐通常是骄傲、庄严而缓慢的，尽管它们经常歪着走。它们的奔跑并不是一连串均衡动作的集合，而是由各种蹦跳组成。狮子的动作迅猛，所以它们不可能突然停下来，这也导致它们常常会跑过自己的目标。当狮子向自己的猎物扑去时，会一跃十二三步远；下降时，狮子会伸出前爪抓捕猎物，用利爪撕扯它们，最后再用牙齿咬来吃掉。在狮子年壮敏捷时，它们以捕猎为生，很少会离开自己的沙漠或者森林，在那里它们轻而易举地就能找到足够的野生动物；但当它们逐渐老去，变得迟钝，不再适合捕猎时，它们就会靠近人多的地方，变成人类和家畜的灾难。人们也注意到，当狮子同时看到人类和动物时，它们往往会冲向动物，却不攻击人类，除非人类攻击他们。一旦受到人类的攻击，狮子会清楚地意识到是谁在冒犯自己，它们就会离开猎物前去复仇。人们认为，在所有动物中，狮子最喜欢的是骆驼肉；当然它们也很喜欢小象的肉，小象们的抵御技能还不够成熟，要是母象不来相救的话，它们抵挡不了狮子的攻击多久。大象、犀牛、老虎和河马是仅有的几种可以抵抗狮子的动物。

LE SINGE 猴

猴

要是只从外形上判断，猴类也可以被当作人类的一个变种——造物主也不想把人类的身体模了造得跟动物们完全不一样。就像创造其他动物时一样，造物主给人设计的体形也就是普普通通的样子。但与此同时，他又在人与猴子这种相似的外形之间做出了具体区分——向猴子的身体里吹了一口“神气”。要是所有物种都得到了这样的优待，我就不会单说猴子了，我会讲一讲某种更低贱的动物，某种在人们看来长得最奇形怪状的动物，它们超越了其他动物，头脑灵活，可以思考，可以说话，这种动物可能很快就会成为人类的竞争对手。

猴子就是这样一种动物，尽管长相与人类相似，它们也绝不是人类这个种族的二等品。在动物等级中，它们也不是地位最高的，因为它们不是最聪明的。仅仅因为猴子在外形上与人类相似，人们便对猴子的能力产生了巨大的幻想。人们说，不管是外表还是内在，猴子看起来跟我们都很像，所以它们不仅可以模仿人的行为，还几乎能够做出人可以做的绝大部分动作。

猴子跟人类的相似之处主要在于躯干和四肢的构造，而不是猴子利用这些部位的方式。只要注意观察，人们就能轻易发现猴子的所有动作都很突然、断续又急促。想要将猴子的动作与人类的行为做比较，应该给它们设定另一套标准或是完全不同的模式才行。猴子所有的动作都来源于它们所受的教育，完全是动物那一套。它们的动作在人们看来会有些奇怪可笑，有些没头没脑，这是因为人们把对人的行为标准放到了猴子身上，而本该用于猴子的评判标准与人类的又太过不同。猴子生性活泼、性格激烈、十分活跃，它们的这些情绪能通过教育缓和。猴子的行为有些极端，看起来更像是狂躁症发作的状态，而不像是人类或者某种安静的动物的行为。出于同样的原因，人们还发现猴子难以管教：它们很难接受人们想要教给它们的一些习惯；它们对人的友好十分不敏感，只会在受到惩罚时才服从命令；人们可以把猴子一直关起来，但它们不会真正地被驯化；猴子会总是一副阴沉的样子，脾气不好，老是做鬼脸，十分可恶。与其说人们是在剥夺它们的自由，不如说是在驯养它们，但猴子就是一种绝不易被驯服的动物。就这点看来，与其他动物相比，猴子跟人类的差别可就大了，因为驯服必须以驯服者和被驯服者之间的某种相似性为前提。这种相似性是一种相对的品质，只有在双方存在一定的共同能力时才可以实施。这种能力在双方之间的区别就在于：在主人身上是主动的，在受驯对象身上是被动的。猴子的这种被动能力跟人类的主动能力就不怎么匹配，从这一点看，猴子就不如狗或者大象那样与人类相处默契。只要人们好好照顾狗或者象，它们就能向人们传达它们那温柔又细腻的感情，其中包括它们的忠诚、它们的自愿服从、它们不求回报的服务和毫无保留的奉献。

因此，在这种相对品质方面，比起其他一些动物，猴子跟人类可就差得远了。除此之外，双方的体质也有很大差异。人类在所有环境中都可以生存，不管是在法国北方还是南方，都有人定居繁衍；而在气候温和的地方，猴子就难以生存，它们只有在更炎热的地区才能繁衍生息。这种体质上的差异也是基于猴子和人的生理构造上的不同，尽管这种不同有些隐蔽，但也不是毫不显眼。猴子与人体质上的不同还会影响各自的性格：猴子生存所需的这种高温使得它们所有的情绪都更容易变得极端，除此之外，也找不到其他理由来解释猴子的急躁、淫荡和其他在人们看来既强烈又混乱的情绪了。

同样是猴子这种动物，哲学家和普通大众都将它们视为一种难以定义的生物，它们的本质在人类和其他动物之间模棱两可，但实际上它们也只是万千动物中的一种罢了。在外表上，猴子的面部长相与人类极其相似，但内在，不管是在思维上还是各种活动上，猴子都跟人类差了一大截；在相关才能上，猴子也比人类低级得多。除此之外，在天性、性情、可测量的必要学习时间、妊娠期、生长期、寿命长短，即某种特定生物的所有明显常态等方面，猴子与人类也有本质上的区别。

L'AIGLE 鹰

鹰

在生理和精神方面，鹰有与狮子相似的地方：力量，这使得鹰成了鸟中帝王，就像狮子征服大多数四足动物一样；宽宏，鹰同样不把那些小动物的打扰放在心上，只有在长时间受到乌鸦或喜鹊讨厌的噪音骚扰时，鹰才会决定对它们施以死亡的惩罚；节制，鹰几乎从不把自己的食物吃得一干二净，像狮子一样，它会留下一些给其他动物。除此之外，鹰只会保留自己征服来的财富，只要自己捕获的猎物，不管有多饿，鹰都不会冲向腐肉。鹰和狮子一样孤僻，独自住在一个僻静的地方，不许其他鸟类踏足，更不许它们在这里捕猎，因此人们极难看到两对鹰住在山上同一块地方，这比在同一片森林里住着两家狮子更罕见。鹰彼此之间会保持相当远的距离，好保证自己地盘内提供的食物足够满足自己，它们只会以能捕捉到的猎物多少来评判自己王国的价值，并以此界定疆域。鹰有着最锐利的眼睛，连颜色都跟狮子的眼睛十分相近；它们的爪子形状都差不多；气息都同样强烈；鹰鸣和狮吼都一样可怕。鹰和狮子就是为战斗和捕猎而生的，它们都很凶猛、一样骄傲、难以驯服。人们只有在鹰很小的时候就把它们带回家才可能驯服它们。只有抱有极大的耐心，并且技术高超，才能训练出一只猎鹰；但随着年纪的增长，鹰的力量日渐强大，它对自己的主人而言也会变得危险。

提供消息的人称，从前在东方，人们会驱使鹰来狩猎，但如今我们的驯鹰术已经不支持这种做法了。鹰相当重，要想不费劲地把它托在拳上可不容易；何况，鹰永远不会那么驯服、温顺又可靠，主人们不得不担心它喜怒无常的脾气和可能冲着自己而来的突然发难。鹰有着相当可怕的钩形喙和钩形爪，它的形体也暗示了它的性情。除了自身的利器，鹰的身体也强壮又结实，它的腿和翅膀都十分有力，骨头封闭，肌肉硬实，羽毛粗糙，性情骄傲又直来直往，动作迅猛，飞行速度极快。鹰是所有鸟类中飞得最高的，也正因如此，先人们才将鹰称为“天空之鸟”；它也被古罗马的占卜官视为朱庇特的信使。鹰的视力非常棒，但与秃鹫相比，鹰的嗅觉能力就显得微不足道了，鹰只好凭眼神捕猎。一旦抓住猎物，鹰就会降低飞行高度，仿佛是感觉到了猎物的重量一样，鹰会先把它在地上放一放，之后再把猎物带走。尽管鹰有着强有力的翅膀，但它的腿却不怎么灵活，所以对它而言，直接从地上飞起还是有点难度的，尤其是还抓有东西的时候。鹰能轻而易举地从空中抓走鹅或者鹤，甚至小绵羊、小山羊也不在话下；要是鹰袭击了小鹿或者小牛犊，当场就可以饮血吃肉饱餐一顿，过后鹰还会把剩下的碎骨碎肉带回自己的地盘，也就是人们所说的鹰巢。事实上鹰巢是比较平坦的，不像其他鸟类的窝那么凹。鹰巢通常被置于两片峭壁之间，在一个干燥又难以到达的地方。可以确定的是，鹰一生只用一个巢。这可是个大工程，不会是一次性完成的，当然鹰巢也非常坚固，可以用很久。鹰巢搭建得就像一块平板，两端靠在五六尺长的小棒小杆上，中间横放着柔软的枝条，上面盖着几层灯芯草和欧石楠。这块平板，或者说是鹰巢会有几尺长，非常结实，不仅可以承载鹰自己、妻子和孩子们，还可以存放大量的食物。鹰巢上方没有任何遮挡物，只有峭壁上方突出的部分能稍做遮掩。母鹰会将蛋牢牢地护在鹰巢中间，它只有两三枚蛋，一般孵三十天。但这些蛋中常有未受精的，一个鹰巢里也极难同时孵出三只小鹰，通常都只有一只或两只。人们断言，等到小鹰长大些，母鹰就会杀掉最弱或最能吃的那只。这种不正常的情感仅仅是因为缺乏食物：鹰爸爸和鹰妈妈自己都不够吃了，就会想办法减少家庭成员。等到小鹰长得足够强壮，自己会飞、能捕猎时，鹰爸爸和鹰妈妈就会把它们赶得远远的，再也不许它们回来。

人们相信鹰能活一个多世纪，并且认为它不是死于年老，而是因为喙随着年龄的增长而过分弯曲，且不能捕食了才变得衰弱无力。

LE VAUTOUR 秃鹫

秃鹫

在所有猛禽中，人们将鹰位列第一，这不仅是因为鹰比秃鹫更强大、更威猛，更是因为鹰更宽宏，意思就是鹰没有秃鹫那么卑鄙残忍。鹰的内心更骄傲，步伐更坚定，一身勇气更令人钦佩，因为至少鹰对战斗的兴趣跟对捕猎的欲望是一样的。秃鹫就不一样了，它们恰恰相反，它们有的只是贪食且不知满足的低劣天性。秃鹫向来不跟动物们战斗，只有腐肉不够吃的时候，它们才会动手。鹰会跟它们的敌人或者捕猎对象激烈地肉搏，单枪匹马地追踪、战斗并控制住对方；秃鹫则不会这样，只要稍微觉得自己会遇到抵抗，秃鹫就会像那些胆怯又残忍的杀手一样聚集起来。比起战士，它们更像是小偷；与其说是猛禽，倒不如说是鸟中屠夫。这种鸟只会凑在一起以多欺少。它们只会追逐死尸，不停撕扯腐肉直到只剩骨头：秃鹫不会排斥腐烂恶臭的东西，反而会被这些东西吸引。雀鹰、隼以至其他小型鸟类都表现得比它们更勇敢，因为这些鸟都能独自追击捕猎，对死去的动物不屑一顾，更瞧不上那些腐烂了的。将秃鹫与四足动物相比，它们似乎是集合了老虎的力量与残酷，还有豺的卑鄙与贪婪，后者也会成群结队地刨食腐烂的动物尸体。而鹰，正如人们所说的那样，它的勇敢、高贵、宽宏大量和慷慨大方，都与狮子一般无二。

因此，要区分秃鹫和鹰，首先要从它们不同的天性入手，接着再简单地观察一下就能分辨出来。秃鹫的双目突出，鹰的眼睛则深嵌眼眶；秃鹫的脑袋秃秃，脖颈也几乎空空一片，只覆盖着一层浅浅的绒毛，或者只勉强有几根散乱的毛，鹰则是全身上下都覆着羽毛；秃鹫弯腰驼背，鹰却傲然挺立，身子几乎跟双脚垂直；秃鹫的身体差不多呈半水平状，这种倾斜的体态似乎也暗示了它们卑鄙无耻的性格。

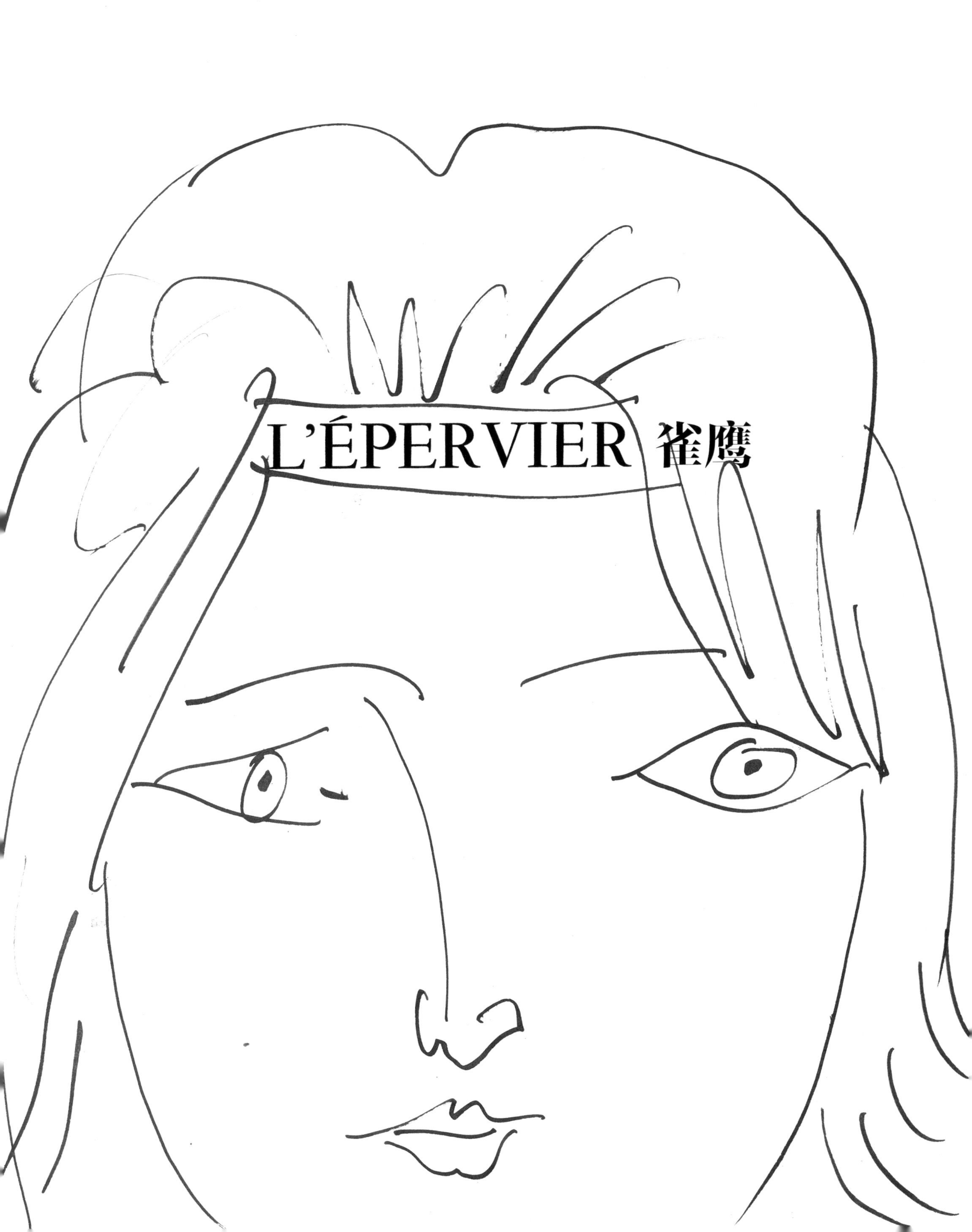
L'ÉPERVIER 雀鹰

雀鹰

雄性鹰隼和雄性雀鹰被驯鹰人们统一称为篱雀。随着年龄的增长，雀鹰背部的褐色会变得越来越深。只有在度过了第一个或第二个换羽期后，它们胸前的横条带才会开始有规律地分布。这一点上雌鸟也是一样的，它们只有在度过第二个换羽期后才会长出按规律分布的条带。为了能对这种鸟羽毛颜色的分布变化和不同形态有一个更详尽的概念，我们应仔细观察，可以看到，雌鸟胸前和腹部的斑点基本都是彼此分开的，这些斑点大多呈心形或不那么锐利的三角形，而不是一条连续又均等的褐色条带。人们只能在经历了两次换羽期的雄性雀鹰的胸前和腹部看到这种褐色横带。

雀鹰一年到头都待在我们国家（法国），它们的数量相当庞大。在冬季天气最糟糕的日子里，有人给我带了几只这种鸟，都是在树林里打来的。它们实在是太轻了，差不多只有六盎司[1]；它们本身也不大，就跟一只喜鹊差不多大小；雌雀鹰要比雄雀鹰更肥壮。雀鹰在森林里最高的树枝间筑巢。雌雀鹰一次通常下四五枚蛋，蛋的两端有黄中带红的斑点。此外，雀鹰这种鸟，不管雌雄，都十分温顺。人们轻易就能将它们驯服，也能训练它们去抓小山鹑或鹌鹑。雀鹰会捕捉鸽群里落单的鸽子；在冬天时，还会给燕雀或其他成群结队的小型鸟带来灭顶之灾。事实上，雀鹰的数量应该比我们看到的还要多，因为除了那些终年待在法国境内的，还有大量的雀鹰会在某些季节里迁徙到其他国家去。这种鸟在亚欧大陆和非洲大陆广泛繁衍，从瑞士到好望角，到处都能看到它们的身影。

1　盎司：质量单位，1 盎司约等于 28.35 克。——编者注

L'AUTRUCHE 鸵鸟

鸵鸟

人们很早以前就认识了鸵鸟这种鸟，最古老的书籍里都出现过它们的身影，甚至可以说它们是相当有名的，因为一些圣职作家就曾分析过鸵鸟的习性与特征。在更早期的时候，一切迹象都表明鸵鸟肉就是一种普通的肉，至少老百姓都是这么认为的；但接着，鸵鸟肉就被犹太人的立法者禁止食用了，它们被列为一种肮脏污秽的肉。后来，在希罗多德这位最早的世俗历史学家的作品和其他早期的哲学著作中，曾探讨过关于鸵鸟自然特性的问题。事实上，作为一种体形庞大、外表奇特、繁殖力惊人，且性情气质还与非洲和亚洲部分地区的特定气候环境相联系的动物，就算鸵鸟生活在沙漠遍布之地，但那些地区也早有人类涉足或聚居，因此鸵鸟如何真的能在当地居民之间一直不为人所知呢？

鸵鸟是一种相当古老的鸟类，这已经在第一时间被证明了；它们的血统流传至今，依旧是那么纯正。在漫长的时间里，它们一直待在同一片地方，既没有改变自身也没有跟其他动物杂交。这就导致鸵鸟在鸟类中就像大象在四足动物中一样，那令人印象深刻而没有变化的生理特征，使它们成为所有鸟类中最与众不同的存在。

鸵鸟是所有鸟类中体形最大的，但是高大的身材也使它们失去了鸟类最重要的特权——飞翔的能力。一只活生生的中等体重的鸵鸟，就算它有大约 75 到 80 斤，这并不夸张，但就凭鸵鸟的翅膀和翅膀中运动肌的力量，并不足以支撑它起飞并在空中保持飞翔状态。事实上，体重并不是鸵鸟飞翔的唯一障碍。因为飞行时的阻力巨大，所以胸肌的力量、宽大的翅膀、优越的环境、坚实的长羽毛等条件对鸟类而言才更加必要。当然，以上这些条件都是鸵鸟绝对不具有的。因为仅就鸵鸟本身来说，这种鸟根本就谈不上有翅膀。鸵鸟翅端长出来的羽毛都相当细长并且分散，它们的羽支都是长长的鬃毛，一根根彼此分离，并不能有效地同时在空中挥舞，而这却是其他鸟类翅膀上的长羽毛的主要功能。鸵鸟尾巴上的羽毛也是同样的构造，因此也不能恰到好处地抵抗空中产生的阻力；不管是张开双翼、合上翅膀降落休息，还是在飞翔时做出各种倾斜姿势，鸵鸟都实现不了，它们羽毛的排列方式甚至根本不足以让它们掌握任何飞行的技能。

鸵鸟全身的羽毛都是一样的：羽支上全是分散的细羽，既不坚实，彼此也不粘连。一句话，就是没用，鸵鸟就是飞不起来。鸵鸟就像被两条链子牢牢拴在了陆地上，一方面是它过重的体重，另一方面就是它们的羽毛构造。鸵鸟被判在陆地上辛苦地奔走，就像四足动物一样，永不可能飞上天空。不管内在还是外表，鸵鸟都与四足动物有许多相似之处：鸵鸟身上大部分地方覆盖着的不是羽毛，而是像四足动物一样的皮毛；它们的头部和肋部的皮毛也很少，甚至近乎没有；鸵鸟的大腿相当粗壮，肌肉满满，它们的力量主要就来源于此；鸵鸟的大脚多筋多肉，只有两根脚趾，这与骆驼十分相像，当然单看脚的形状，骆驼本身也算是四足动物中的一个特例了；鸵鸟的翅膀上带有两个尖刺，这跟豪猪的尖刺很像，与其说这是翅膀，不如说是甲壳动物的螯，那可是用来自卫的；鸵鸟的耳朵洞口大张，只有内部耳道部分覆盖着绒毛。像所有四足动物一样，鸵鸟的上眼睑可以活动，眼睑边缘处像人类和大象那样生长着长长的睫毛；比起其他鸟类，鸵鸟眼睛的整体形状跟人类的眼睛更相似，同时它们还有这样一种能力，那就是能同时用两只眼睛看同一个物体。此外，鸵鸟的胸骨下部和耻骨部位老茧横生，既没有羽毛也没有皮毛，就跟骆驼一样，这里承担了鸵鸟的大部分体重，就像陆地上那些背负着重担的役畜一样，只不过鸵鸟身负的重量来自它自身罢了，它们也习惯了这样沉重的负担。

LE COQ 雄鸡

雄鸡

雄鸡是一种笨重的鸟，它的步伐沉重迟缓，翅膀相当短。雄鸡很难飞起来，一旦飞起来了，还偶尔会鸣叫一两声，以显示自己飞动时的艰难不易。雄鸡会不分白天黑夜地唱歌，没什么规律，也没固定的时候；它的歌声与母鸡的可是大不相同，尽管也会有几只母鸡能发出雄鸡那样的啼声。

雄鸡会在地上扒土觅食，不管是小石子还是麦粒，它都来者不拒，这样还能更好地帮助消化。雄鸡喝水时，每次都要把水吸到嘴里再仰头吞下。睡觉时，雄鸡经常会一脚悬空，再把脑袋埋在同一边的翅膀下。在自然状态下，雄鸡的整个身体是呈水平状的，它的嘴也是这样，而脖子则会笔直地立着。雄鸡的前额饰有红色的肉冠，嘴下面也有两个一样颜色和品质的东西，然而这既不是肌肉也不是膜，只是一种特别的物质，跟肌肉和膜都不像。

优秀的雄鸡眼睛炯炯有神，似有熊熊火焰；它的步态高傲，行动无拘无束，身体的比例尺寸无不彰显着力量。就像人们无数次记录过和说过的那样，这样的雄鸡不会惧于狮子的威势，反而会激起众多母鸡的爱慕。要是人们谨慎些，给它十二到十五只母鸡就够了。科鲁迈拉（Columella）觉得人们最多给一只公鸡配五只母鸡，但要是每天都有五十多只母鸡在身边，恐怕它也不会忽略任何一只。

雄鸡对自己的母鸡们都很上心，每一只都很照顾：它不会让母鸡脱离自己的视线，它会领导它们，保护它们，给它们预示危险；要是有几只母鸡走散了，它也会去寻找，把它们都带回来；只有在看到所有母鸡都在自己身边进食后，它才会开开心心地吃起来。雄鸡会有不同的声调，并表现出不同的姿态，毫无疑问，这是它在跟母鸡们说话，内容当然也各不相同。要是失去了母鸡，雄鸡会显得惋惜。尽管它的嫉妒心跟爱一样强烈，但它不会虐待任何一只母鸡，它的嫉妒之情只会冲着竞争对手们去。要是它看到另一只雄鸡，不等新来的有时间干点什么，它就会眼里着火，羽毛直竖，气势汹汹地向对方冲过去，不管不顾地战斗到底，直到其中一方支撑不住，或是新来的雄鸡撤出战场为止。雄鸡的享受欲望总是那么强烈，鸡舍的门不只是为了阻挡竞争对手，还是为了隔绝一些懵懂无知的小阻碍，因为雄鸡有时会击打甚至杀死小鸡，就是为了自己能更舒服地和鸡妈妈们在一起。但仅仅是这样的欲望激起了它的狂暴和嫉妒吗？身处如此庞大的“后宫”中，所有资源都可以任它支配，它如何还会担忧需要或缺少什么呢。不管雄鸡的欲望有多猛烈，看上去比起不能满足自己的欲望，它还是更害怕与别的雄鸡分享。当然，由于它为母鸡们做的事情更多，所以它的嫉妒之心更可谅解，也更显得真诚。除此之外，它也有自己最喜欢的一只母鸡，总是会优先去找那一只，次数几乎跟找其他所有母鸡的次数加起来差不多。

就算雄鸡不会冲着自己喜欢的对象发火，但有什么能证明雄鸡的嫉妒不是一种没头没脑的情绪呢？如果在一个饲养场里养上好几只雄鸡，它们会不停地打斗，相反雄鸡从不会对阉鸡动手，因为至少它们没有随时随地追着母鸡的习惯，这些就是证据。

人类为了满足自己的娱乐心情，什么办法都能想出来，同样也会利用雄鸡之间这种天生的不可克制的对立。通过各种技巧，人们进一步培养了雄鸡之间这种天生的仇恨，使得饲养场里两只鸡的争斗都能吸引人们的好奇心，甚至那些文雅之士也不例外。与此同时，人们还用各种各样的手段来保持和发展雄鸡们灵魂里的这种珍贵的凶性，当然，人们把这称为英雄气概的萌芽。不仅是过去，人们现在也每天都能看见，在不止一个地方，形形色色的人们狂热地追逐着这种荒诞可笑的比赛。他们分成两个阵营，各自为自己的雄鸡呐喊助威，还因为痴迷于这样的场面而疯狂下注。胜利之鸡嘴上的最后一啄甚至能翻覆好几家人的家财。过去这是罗德人、唐格里人、巴尔加莫人的荒唐事，如今菲律宾人、爪哇人、美洲地峡以及两块大陆上其他国家的居民也迷上这种愚蠢的活动了。

LA MÈRE POULE 母鸡

母鸡

一只母鸡刚刚下完蛋后，会引来其他激动起来的母鸡，就算这些母鸡只是在一旁的见证者，它们也会不停地充满喜悦地咯咯叫。它们通过叫声来分享各种情绪，也许是从生产的痛苦中突然解脱并迎接新生命的快乐；也许是鸡妈妈从最初这一刻的喜悦开始，对日后的幸福时光的准备与期盼。不管怎样，当鸡妈妈下了二十五或三十个蛋后，它就会开始好好地孵蛋。鸡妈妈会立刻覆在蛋上，用翅膀把蛋都护起来，用自己的体温温暖它们，一个蛋接一个蛋地轻轻翻动，但比起实际需要，这更像是它在享受孵蛋的乐趣；鸡妈妈还会跟蛋“交流”，它对每一枚蛋都怀着同样的热情。它对这件事如此投入，甚至会忘了吃喝。人们都说，母鸡完全明白自己所履行的职责的重要性。

鸡妈妈对孵蛋抱有极大的热情，总是兢兢业业地孵着蛋，即使那些对它而言还没什么意义的胚胎，它都会小心翼翼地照顾。当小鸡们破壳而出时，鸡妈妈的热情也不会减退。迎着自己孵出的小鸡仔的目光，鸡妈妈对它们的感情愈发浓烈；弱小的鸡仔们需要鸡妈妈的照顾，它的母爱就这样与日俱增。鸡妈妈一心扑在小鸡身上，找吃的也全是为了它们，要是一无所获，它就会用爪子刨土，将自己藏起来的食物刨出来给小鸡们，为了让小鸡们吃好，它宁愿自己挨饿。要是小鸡们走散了，鸡妈妈会将它们唤回来。遇上恶劣的天气，鸡妈妈还会将小鸡们护在自己的翅膀下，像是要再孵它们一次。鸡妈妈一心一意地照顾着小鸡们，总有操不完的心，甚至它的体形都会发生明显的变化。人们很容易在一群母鸡中辨认出哪个是带着小鸡的鸡妈妈，要么看它竖起的羽毛或拖着的翅膀，要么听它嘶哑的嗓音、富有表现力的不同的声调变化。鸡妈妈展现出的母爱和关怀是那样强烈和明显。

鸡妈妈会浑然忘我地照顾自己的小鸡，为了保护它们，不惜自己暴露在危险下。要是空中出现一只鹰，放在平时，弱小又胆怯的鸡妈妈肯定就自己逃跑了，但母爱会让它变得勇敢无畏：鸡妈妈会冲上前去，直面可怕的利爪，它会一声声地尖叫，翅膀不断地扑打，它的英勇会让鹰这样的猛禽都退却。鹰也不会料到这样激烈的反抗，灰心丧气之下，只得飞走，去找一个更容易对付的猎物。

LE DINDON 火鸡

火鸡

如果说公鸡是饲养场里最有用的鸟，那家养的火鸡就是最引人注目的。火鸡庞大的体形、脑袋的形状，还有一些只有它和一小部分其他动物才有的自然习性，无不令它变得突出。火鸡的脑袋与身体相比显得相当小；它也没有其他鸟类那样华丽的羽毛，火鸡的头上基本没什么羽毛，包括脖子的一部分，都只有青蓝色的皮肤；火鸡脖子前面一部分长着红色的小凸点，而脑袋后面的小凸点则是乳白色的。从火鸡的嘴下直到脖子，生长着红色肉瓣，差不多有它身体的三分之一长，还能随风飘荡。在火鸡嘴底的前部长着圆锥形的肉瘤，上面褶皱深深，交错纵横，在收缩或静止状态时，这肉瘤几乎还没有一截拇指长。一般来说，当火鸡在自己周围看到的都是熟悉的东西、内心没有半点局促不安时，它会安安静静地漫步，自在地吃东西，但要是突然有什么陌生的东西出现在它面前，尤其是在它求爱的季节，这种向来谦虚又单纯的鸟就会立马昂首挺胸，变得傲气十足。它的脑袋和脖子都会鼓起来，圆锥形的肉瘤伸展开，拉长并垂到嘴下两三截指头长的位置，肉质的部分也会变成深红色。同时，火鸡脖子和背上的羽毛会竖起，尾巴也会抬起来，像一把扇子一样打开，而火鸡的翅膀则会垂下去，同样铺展开，甚至拖到地上。就这样，火鸡一会儿在自己的配偶身边晃来晃去，用胸腔里呼出来的气流发出低沉的声音，后面还跟着长长的嗡嗡声；一会儿又离开自己的配偶，跑去威吓那些过来纠缠的家伙。时不时地，它也会暂停这样的小花样，发出一声更刺耳的叫声。接着火鸡又开始炫耀自己了，当然这是对着它的配偶或那些碍事的家伙，这样的动作要么是为了表达爱意，要么是为了展示怒火。要是人们穿着红色的衣服出现在它面前，它会更加怒火中烧。受到刺激的火鸡会变得更加疯狂，它会冲上来，用嘴一下下地攻击对方，使出浑身解数把它看不顺眼的对象赶走。

LE PIGEON 鸽子

鸽子

鸽子很容易就能被驯养，就像公鸡、火鸡和孔雀那些有点分量的鸟一样，但鸽子比它们轻盈多了，至少它还能够快速地飞翔。想要征服鸽子，需要更多的技巧。一间封闭的地面上的小屋子就足够家禽们居住、生长和繁衍了，但想要吸引鸽子们并让它们住下来，就需要专门在塔楼或高层好好地搭建鸽舍，外观要认真地涂刷，内里还要分出许多小单间。鸽子们不会像狗和马一样完完全全地被驯服，也不是母鸡那样的“囚徒”；它们更多自愿被约束，但它们是会逃跑的客人，只有人们照顾得它们心满意足，它们能在这里找到足够的食物、舒适的住所、各种便利设施，并且能过得自由自在时，才会住在鸽舍里。要是什么东西缺了一点儿，或者让它们不舒服了，鸽子们就会离开这里，各自散开去找其他住处。当然，比起人们建造的更干净整洁的鸽房，有一些鸽子更喜欢旧城墙边满是灰尘的小窝。一些鸽子会在树枝间或树洞里安居；另一些会逃离人类的地盘，什么都吸引不了它们，然而人们也能看到有些鸽子根本不敢离开人类，人们必须在鸽舍边喂养它们，这些鸽子们绝不会放弃这个地方。

但所有的鸽子都有一些共同的品质：喜欢社交、依赖群体、脾气温和；忠贞，就是它们彼此间的忠诚，鸽子夫妇的爱情绝不会分享给其他鸽子；爱整洁，鸽子们会自己照管自己，这使它们感到快乐；鸽子们会相互关怀，这更能使它们感到开怀；轻轻的爱抚、温柔的接触、羞涩的吻，在情到深处时，鸽子们才会变得如此亲密又急不可耐；有时新的欲望来临，绵延不绝的火花、坚贞不移的情感又促使鸽子们真诚亲密地靠在一起，这样的场景又会再次出现；更年长一点的鸽子也还有满足这些欲望的力量；不发脾气、不见厌烦、不会争吵，鸽子生命的全部时刻都献给了爱和对孩子们的关怀，承担着各种反复不停又恼人的责任；雄鸽也会积极地分担雌鸽照顾孩子们的任务，与雌鸽轮流孵蛋，照顾小鸽子们，好分担配偶的辛劳。鸽子夫妇之间通过这种方式建立的平等关系是维护它们幸福生活的基础。鸽子夫妇可是人类的好榜样，要是人们能仿效的话！

LE CHARDONNERET
金翅鸟

金翅鸟

一身美丽的羽毛、甜美的嗓音、敏锐的反应、出人意料的机灵、经得住考验的温顺，这种迷人的小鸟集合了所有这些美好的品质。唯一美中不足的是，这种鸟数量稀少，且来自远方，由此人们也难以估算它究竟价值几何。

绯红、乌黑、纯白、金黄，人们能看到金翅鸟的羽毛上闪耀着这几种主要的色彩，或深或浅、或明或暗的颜色和谐地组合在一起，让金翅鸟更添光彩。雌鸟身上没有雄鸟那么多的红色，更别提黑色了，那是一点儿都没有的。幼鸟只有在出生后第二年才会开始披上美丽的红色；一开始，它们羽毛黯淡，还未展现出未来的华丽，因此人们将这些幼鸟称为“小灰鸟”。这些幼鸟的翅膀上倒是能早早地显出黄色，尾羽上的白色斑点也是如此，但这些斑点的颜色可没那么纯净。

金翅鸟和燕雀一样，都是筑巢的能手，它们筑的巢不仅相当结实，还很圆，我更愿意用“考究”来形容金翅鸟的鸟巢：外面是细小的苔藓、地衣、灯芯草的茎干、小树根、草根、蓟的茸毛，这些东西都被精巧地编织在一起；内里有干草、植物纤维、植物的茸毛和细毛。金翅鸟将巢筑在树上，它们尤其喜欢李树和胡桃树。金翅鸟通常会选择不那么粗壮、常常会摇来摇去的树枝；有时金翅鸟会在萌芽林里筑巢，有时它们会选择多刺的荆棘丛。人们可以断言，那些从最差的鸟巢里出来的小金翅鸟的羽毛肯定是最暗淡的，但它们更快活，比起其他金翅鸟，它们的歌声也更美妙。

金翅鸟对自己的幼鸟十分关心，它们用小毛虫和其他昆虫喂养自己的孩子们。就算人们把金翅鸟抓起来关进笼子里，它们也会继续照顾自己的孩子们。事实上，我曾捉了四只小金翅鸟，还让它们由同样被关起来的父母喂养，但它们没有一只活过一个月。我给它们提供了食物，但它们只有在自由状态下才会喜欢这些；要是失去了重返自然的希望，这些金翅鸟在一种所谓的英雄般的绝望下，是不会用这些食物去喂养自己的孩子们的。

一只雌金翅鸟只能跟一只雄鸟在一起，想要两只鸟的结合能生下小鸟，还得保证两只鸟都自由自在才行。这种鸟的特殊之处就在于，如果被关在大鸟笼里，雄鸟很难下定决心去跟自

己的配偶有效地交配，这比让它跟一只外来的雌鸟交配更不容易。比如，在这种情况下，对着一只雌金丝雀，或是某种来自更温暖地方的雌鸟，雄金翅鸟都会更热情。

人们偶尔能看见一只雌金翅鸟跟一只雄金丝雀一起筑巢，当然这种情况相当罕见。相反，雌金丝雀放弃其他所有雄金丝雀，而跟一只雄金翅鸟在一起的情况倒更常见。雌金丝雀会先进入发情期，它还不忘点燃雄金丝雀们的激情。雌鸟们会发出各种各样的邀请和挑逗的声音，美好的时节也会激发雄鸟的热情，这比挑逗更加厉害，这时冷淡的雄金丝雀们甚至对其他种类的雌鸟都能产生兴趣了，当然前提是鸟群里没有金丝雀自己种族的雌鸟。

金翅鸟飞得不高，但能像朱顶雀一样持续快速地飞行，而不像麻雀那样一蹦一跳。这是一种活跃又勤劳的鸟儿，人们很难想象这样温柔顺从的鸟儿竟会如此活泼欢悦。金翅鸟彼此之间和平相处，不管何时，它们都彼此相交。友善和谐就是金翅鸟的特点，就算是为了食物，它们之间也绝不会爆发争吵。但面对其他鸟类，金翅鸟就没那么爱好和平了：它们会攻击金丝雀和朱顶雀，但自己也会受山雀的欺负。

到了秋天，金翅鸟们开始聚集。鸟儿们来来往往，在花园里翻拣，人们能在其中捉到许多金翅鸟：跳脱的天性往往会让它们掉入陷阱中。但要想更好地捉住它们，还需要一只正在唱歌的雄金翅鸟才行。再说，金翅鸟们丝毫不会被诱鸟笛吸引；要是遇到猛禽，它们还会躲到荆棘丛里。冬天时，金翅鸟们会成群结队地行动，因此人们一枪都能打下七八只来。它们会靠近大马路，喜欢去那些飞廉、野菊苣丛生的地方；金翅鸟们十分懂得挑拣这些植物的种子，它们还会刨出埋在雪下的小虫子的巢穴。在普罗旺斯，金翅鸟们会大量聚集在巴旦杏树上。在严冬时节，金翅鸟们会躲在茂密的荆棘丛里，还总是什么方便就吃什么。金翅鸟的寿命很长，在法国，人们能看到活了十六到十八年的金翅鸟。

L'ABEILLE 蜜蜂

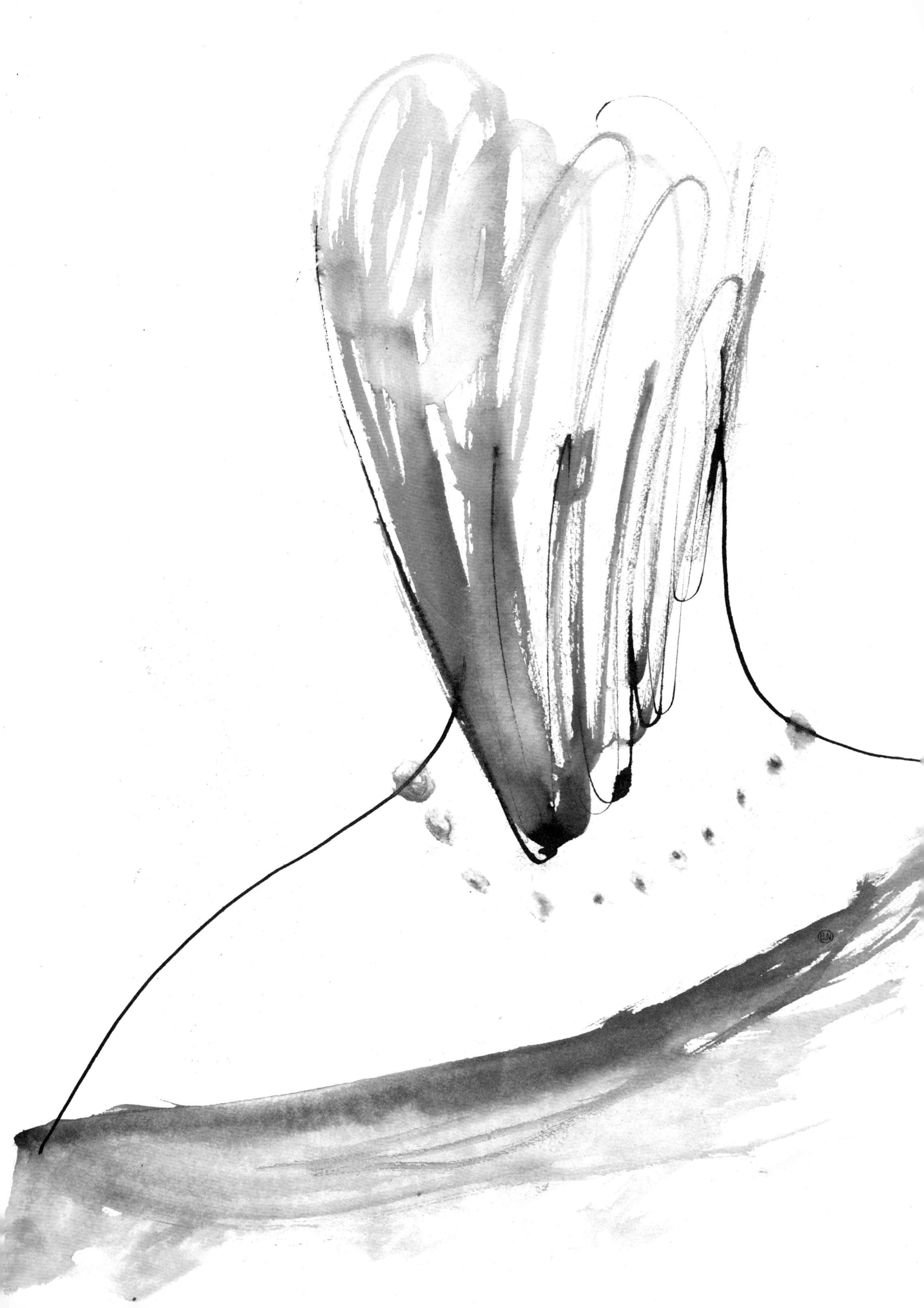

LE PAPILLON 蝴蝶

LA GUÊPE 马蜂

LA LANGOUSTE
龙虾

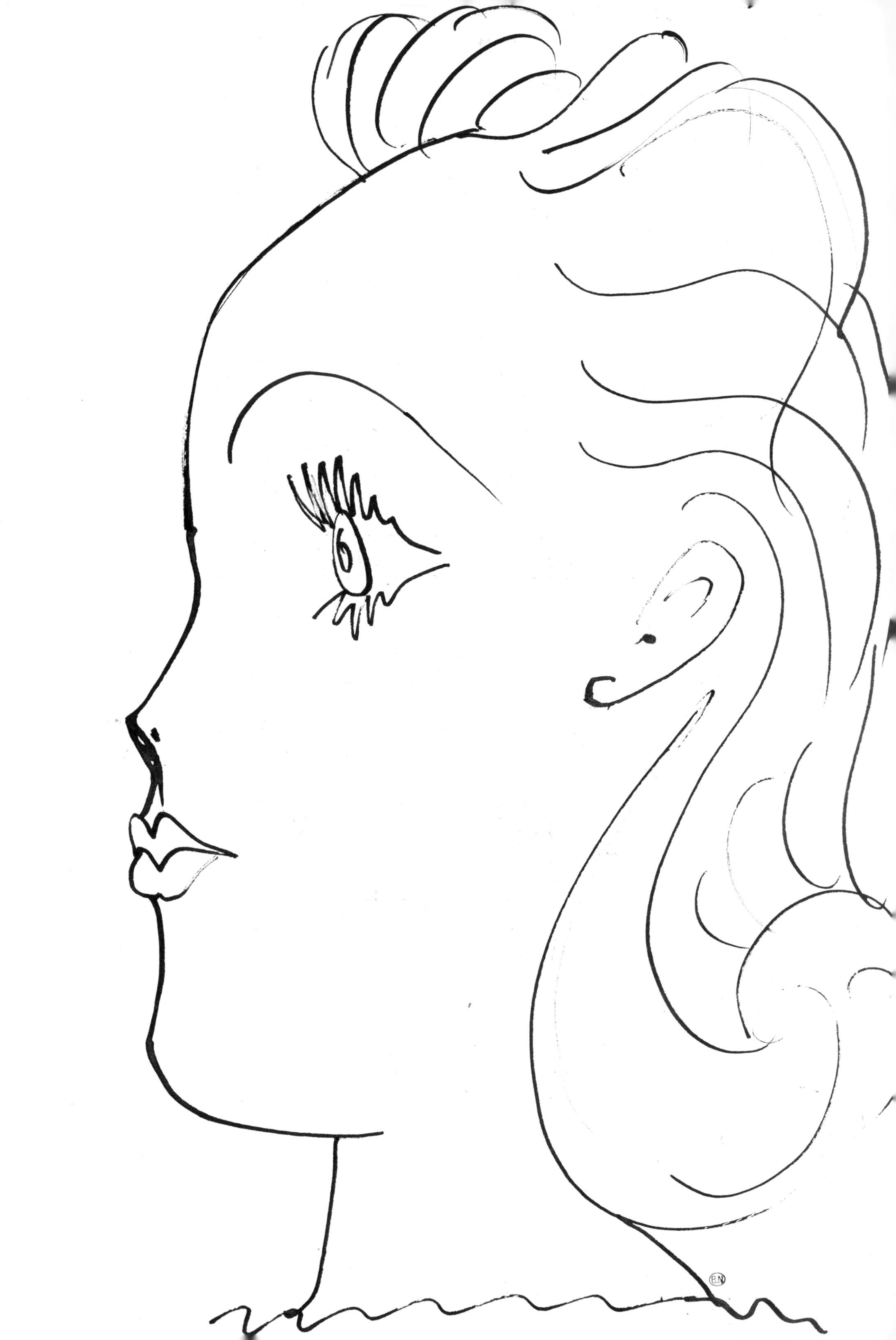

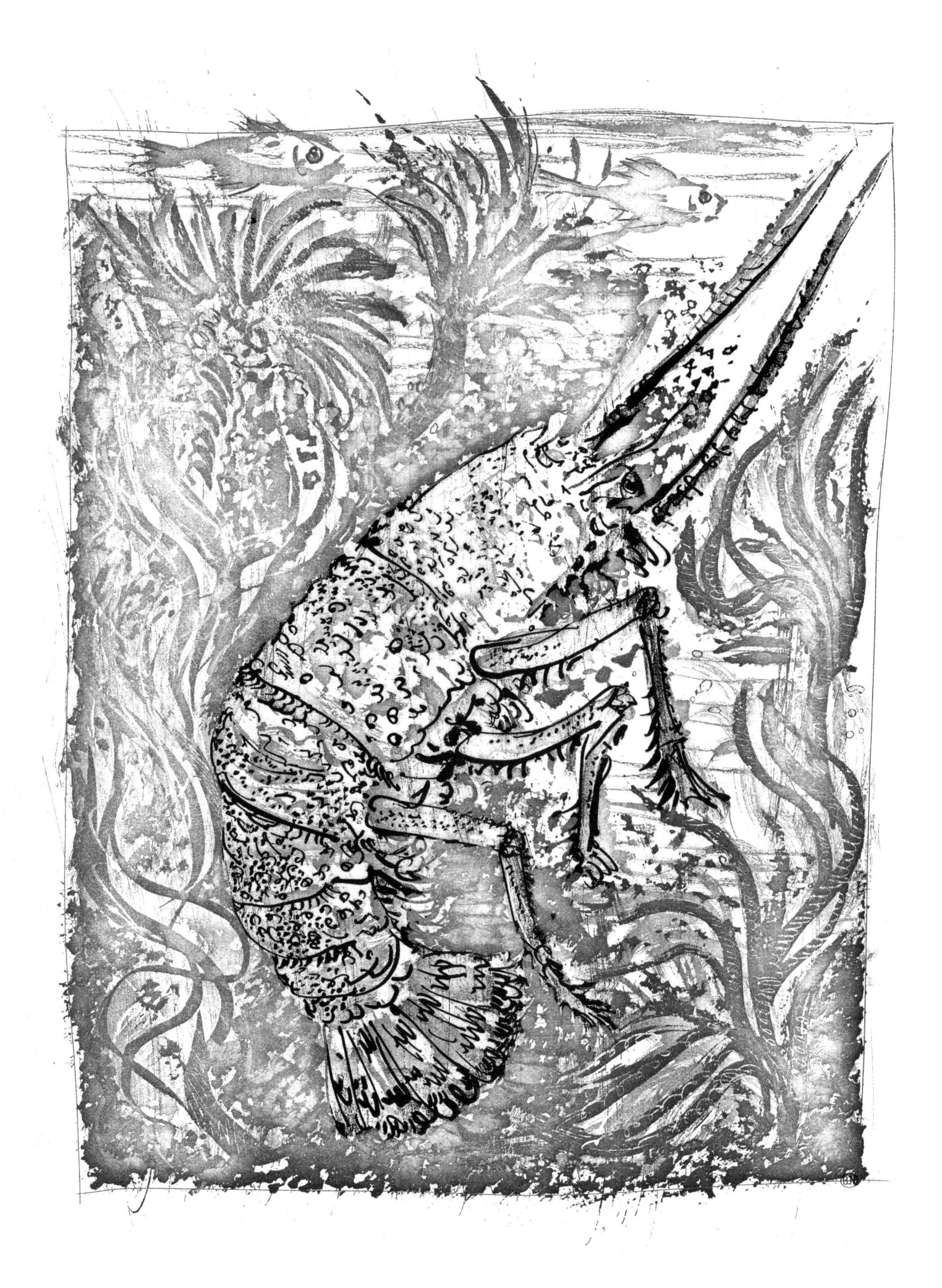

L’ARAIGNÉE 蜘蛛

LA LIBELLULE 蜻蜓

LE LÉZARD 蜥蜴

LE CRAPAUD 蟾蜍

LA GRENOUILLE 青蛙

LA SAUTERELLE
蚱蜢

1942 年 5 月 26 日，在马丁 · 法比亚尼（Martin Fabiani）的付出与努力下，这本书在巴黎出版。巴勃罗 · 毕加索所作的这 31 幅蚀刻版画由 R. 拉故里耶（R.Lacourière）印制，文本内容由 M. 菲戈（M.Fequet）及 P. 鲍迪耶（P.Baudier）进行印刷。

tous les dessins qui
sont sur ce livre
ont été faits
le dimanche 24
janvier 1943
au cours de cette après
midi

出版后记

1942 年，《毕加索为布封之文所作的蚀刻版画》（*Picasso: Eaux-fortes originales pour des textes de Buffon*）一书在巴黎出版，书中从布封的《自然史》原著摘选了 21 篇文章，进行段落筛选与重组，并辅以毕加索为之创作的配套版画。布封的笔触生动活泼，他用拟人化手法将各种动物的气质、形象展现得淋漓尽致，同时探讨了自然界中各种动物的习性特征，思考了各种动物与人类的相互关系。毕加索创作的蚀刻版画无疑具有极高的艺术价值与丰富的情感内涵。该书最初共印制出版 226 册，每册都有编号，毕加索后来得到了第 141 册，他在页边和空白页即兴创作了动物头像、神话角色、男女头像等内容，同时在扉页签名。后来该册辗转进入法国国家图书馆，并由法国国家图书馆重新影印出版，此次引进的即为此版。

在本书编校过程中，我们力求最大限度地为读者展现原版的艺术效果。毕加索在部分章节首页的即兴创作令标题与图画一同成为一件完整的作品，因此我们统一保留了每篇作品开篇页的法文原篇名，仅在空白处添加中文译名。对于布封因时代局限和个人主观认知造成的一些谬误，为不破坏版面效果，内文中也不加以注释，仅在此统一说明。

另外，中文版还原样保留了1942年的原版扉页及印刷序号，以便读者能通过其中的原书名、出版时间、出版人、出版序号等信息，配合随书的专业人员介绍说明，进一步了解本书的诞生历史。

服务热线：133-6631-2326　188-1142-1266

读者信箱：reader@hinabook.com

后浪出版公司

2021年1月

BUFFON
PICASSO

安托万·科隆
Antoine Coron

一名古籍档案管理员。1974 年起担任法国国家图书馆珍本收藏馆的管理员，1993 年至 2014 年，担任法国国家图书馆珍本收藏馆馆长。先期致力于收集初有印刷术时出版的书籍，随后转向了 20 世纪的书籍。安托万·科隆的研究对象包括勒内·夏尔（René Char）、米歇尔·布托尔（Michel Butor）等作家，毕加索、索尼亚·德劳内（Sonia Delaunay）、西玛（Sima）及让·杜布菲（Jean Dubuffet）等艺术家，伊利亚、居伊·勒维斯·马诺（Guy Lévis Mano）及皮埃尔－安德烈·贝努瓦（Pierre-André Benoit）等出版人－印刷匠，莫尼克·马蒂厄（Monique Mathieu）与让·德·科内特（Jean de Conet）等艺术类精装书装订工。他的研究作品和多年来的收集成果，一直储藏在珍本收藏馆中。

后浪

布封与毕加索

BUFFON PICASSO

博物学家与艺术巨匠笔下的动物

[法] 安托万·科隆 (Antoine Coron) 撰文　　刘暑月 译

四川美術出版社

原版收藏于珍本收藏部

毕加索
为布封之文所作的原创蚀刻版画
巴黎：马丁 · 法比亚尼出版
1942 年（5 月 26 日）

37 × 28 cm［113］f.，编码：7—134
23 张四页书帖，内部包含 21 张滑动活页。
浅褐带玫瑰粉色封面，精制犊皮纸制作。

书册印制于巴黎，31 幅蚀刻版画由罗杰 · 拉故里耶（Roger Lacourière）印制，文本内容由马特 · 菲戈（Marthe Fequet）与保罗 · 鲍迪耶（Paul Baudier）印制。

226 册印制版：一册（n° 1）旧条纹纸版，旧蓝纸版全套插图；五册（n° 2—6）日本高级珍珠纸版，连史纸全套插图；三十册（n° 7—36）极优日本纸版，连史纸全套插图；五十五册（n° 37—91）梦法儿高级画纸版；一百三十五册（n° 92—226）维达隆高级画纸版。
第一批印制版插图中包含第 32 幅蚀刻版画《跳蚤》（*La Puce*）。

参考书目：
Sebastian Goeppert, Herma Goeppert-Frank et Patrick Cramer, *Pablo Picasso: catalogue raisonné des livres illustrés,* Genève, 1983, n° 37.
Brigitte Baer, *Picasso peintre-graveur: tome III*, Berne, 1986, n° 575-606.

图 1

本书源自初版印刷第 141 册——维达隆高级画纸印制，带有“Ambroise Vollard”字样水印，于 1943 年 1 月 17 日，星期日（附带原画）（图 2），由毕加索赠予朵拉 · 玛尔；1 月 24 日，毕加索在其中 35 页整页及另外 6 页边缘创作了水彩画并写下了一些文字，卷末有毕加索的签名及日期标注（图 3）。

该册一直由朵拉 · 玛尔收藏；1997 年 6 月 16 日，朵拉 · 玛尔去世后，其遗产中有五件被出售，该册是出售目录中的第三件［朵拉 · 玛尔之书，比亚沙拍卖行及 J. J. 玛蒂斯亚画廊（鉴定专家：克里斯蒂安 · 加兰达里斯），1998 年 10 月 29 日，于化学之家拍卖，n° 358］。该册最终没有出售，而是与另外 25 件物品一起，于 1998 年 12 月 30 日被用于代物清偿（n° 498）。该册被赠予法国国家图书馆后（其余物品进入毕加索博物馆），于 1999 年 4 月 3 日，登记并收藏于珍本收藏部，获取编码为 n° 99-0104，在珍本收藏部内的收藏编号为 RES G-S-95。

1957 年，该册及其中附带原画由杜瓦尔（Duval）工作室以珂罗版印刷术进行真迹复制，并被命名为“毕加索在布封之文边页所作的 40 幅图画”。其中，巴黎的亨利 · 戎基埃尔（Henri Jonquières）定制 2000 册，另有 30 册，马雷精制白纸版印制；汉斯 · 博格格伦（Heinz Berggruen）定制 226 册，阿诗精制白纸版，其中包括毕加索签名的《鸽子》（*Le Pigeonneau*）（B. 贝尔，n° 1028）。

图 2

图 3

图 1
封面

图 2
献给朵拉·玛尔的双页图文：“真可爱！”，1943 年 1 月 17 日

图 3
版权页毕加索亲笔，与画作同期完成。1943 年 1 月 24 日，萨瓦路 6 号

图 4
安布鲁瓦兹·沃拉尔（Ambroise Vollard）
1933 年，泰雷兹·邦尼（Thérèse Bonney）拍摄
巴黎，奥赛博物馆

从1936年到1943年，这本书曾辗转三人之手：巴勃罗·毕加索、朵拉·玛尔这对时分时合的情侣，以及安布鲁瓦兹·沃拉尔。安布鲁瓦兹·沃拉尔于1939年7月22日逝世，但他的作用不可忽视，一切都要从他讲起。

1936年时，安布鲁瓦兹·沃拉尔（1866—1939，图4）已被视为那个时代最伟大的一位画商。这年1月，负责出版其回忆录（《一位画商的回忆录》，*Souvenirs d'un marchand de tableaux*）的美国出版社，已经先于法国的出版社开始宣传其巴尔扎克式的[1]一生中的各种逸闻趣事。同年11月，受巴恩斯基金会（Barnes Fondation）的邀请，安布鲁瓦兹·沃拉尔能够有机会接触到一些早已在大洋彼岸成为传奇的人物。安布鲁瓦兹·沃拉尔出生于留尼汪岛，后前往法国本土学习法律，但他却倾向转行经纪业务。最初，安布鲁瓦兹·沃拉尔在法院分庭工作，他很快就了解到，当时的艺术家们创作的作品，除了被官方及博物馆预定的那些，其余的，比如被博物馆拒绝接受的卡耶博特（Caillebotte）的部分遗赠，都只能依靠支持这些艺术家的艺术商人才能找到收藏者。安布鲁瓦兹·沃拉尔的画廊及储藏室中堆满了画作，它们全都来自那些将在现代艺术史中留名的画家。1895年，沃拉尔分别于3月、5月、11月举行了高更（Gauguin）画展、凡·高（Van Gogh）画展与塞尚（Cézanne）画展，这三次画展成为安布鲁瓦兹·沃拉尔全新职业生涯中的重大转折。此前高更与凡·高的画作从未被展出过；至于塞尚，这是他的第一个个人作品展。安布鲁瓦兹·沃拉尔同样对图卢兹-罗特列克（Toulouse-Lautrec）、修拉（Seurat）、独立派（纳比派）画家［博纳尔（Bonnard）、维亚尔（Vuillard）、德尼（Denis）和雷东（Redon）等］、野兽派画家［瓦尔塔（Valtat）、马蒂斯（Matisse）、范东根（Van Dongen）与弗拉芒克（Vlaminck）等］、鲁奥（Rouault）、杜飞（Dufy），以及罗丹（Rodin）、马约尔（Maillol）等人充满兴趣。1901年起，毕加索也在其支持下举办了画展。五年后，安布鲁瓦兹·沃拉尔买下了毕加索画室里的全部作品，并在1910年再次举办了毕加索画展。安布鲁瓦兹·沃拉尔没有成为毕加索的最大买主，但他从1905年起成为毕加索的版画发行人，并从20世纪20年代开始将毕加索的版画作品插入他计划出版的图书中。

在出版了十多册原创版画后，安布鲁瓦兹·沃拉尔决心进军图书出版业，为自己增加一个图书出版人的头衔。他并没有打算制作艺术类书籍，而是计划让艺术家们来为书籍配制插图，因为那时还没有职业插图画家。安布鲁瓦兹·沃拉尔还鼓励艺术家们用原创版画来展现书籍内容，这些版画要原创、新颖，就像出版过的版画画册一样，而

1. 这个形容词由玛丽·多莫伊（Marie Dormoy）在两场关于安布鲁瓦兹·沃拉尔的研讨会（分别于1943年1月16日及1946年1月17日举行）中提出。除了《一位画商的回忆录》一书（2007年再版），安布鲁瓦兹的唯一一本传记是让-保罗·莫雷尔（Jean-Paul Morel）写作的《这就是安布鲁瓦兹·沃拉尔》（*C'était Ambroise Vollard*）（巴黎，2007）。

图 5

巴勃罗·毕加索

1936 年，罗基·安德烈（Rogi André）拍摄

法国国家图书馆版画与照片部

EP-825（2）Fol

图 6
朵拉・玛尔
1940 年，罗基・安德烈拍摄
法国国家图书馆版画与照片部
EP-825 BT Fol

不是通过摄影复制或引用专门的版画雕刻师的成果。在法国，人们将这样的精制书称为“画家之书”（livre de peintre），在美国，人们也同样用法语将其命名（livre d'artiste）。这些“画家之书”的历史相当悠久，但自从印刷书取代了手工书籍，它们就很少再被制作了。如今人们能看到的那些19世纪的“画家之书”，都是书籍作者及与之合作的艺术家们共同创作的成果，这可不是一个发行人突发奇想就可以做到的。

沃拉尔相当重视这类书籍制作出版所需的物质条件，在这一类型的书籍的发展形成过程中，他的行动起到了决定性的作用。对他而言，这样的付出都不算什么。很明显，皮埃尔·迪多（Pierre Didot）与大卫学派合作的书籍给予了沃拉尔极大的启发，他开始效仿迪多，通过用石印机印刷出版经典著作来进入“画家之书”行业。沃拉尔制作的书籍价格昂贵，有些甚至达到了令人吃惊的程度。当然这些书籍都是面向珍本爱好者的，他们难以拒绝这种当代艺术的魅力。1900年左右，这样的书籍还不常见，这时沃拉尔推出了他制作的第一部作品——《平行集》（*Parallèlement*），饰以博纳尔绘制的石版画。沃拉尔本该再接再厉，但直到二十年后，情况才变得好些。沃拉尔在新的行业如鱼得水，他扩大了自己在艺术家中的交际圈，这些人都能在他的出版计划中发光发热。一切都按着沃拉尔的节奏进行着，当然，这种节奏慢得出奇。沃拉尔确实增加了版画的印刷量，但还是没有决定出版这些版画的所配书籍。1930年，在门廊画廊[2]的一场展览中，安布鲁瓦兹·沃拉尔的出版物一览表也在展览之列，表中显示，已经有14部作品在筹备中了。据尤娜·E.约翰逊（Una E. Johnson）所述，在沃拉尔去世时，至少还有40部作品已经被他列入了出版计划或正等着出版[3]。对于这种情况，人们可以有多种解释：也许是因为沃拉尔天生的拖延症；也许是因为这恰恰是他的出版策略，只不过人们没有意识到其中的精明之处。当然，也有可能是因为沃拉尔最先关注的是插图，其次才是文章本身。一旦沃拉尔从画家那里拿到了心心念念的插图，他的注意力似乎就全集中到插图上去了：要好好布置这些插图，至于文本内容，可能已经选好了，也可能没有。很明显，在沃拉尔看来，文本内容是很简单的事，只要他想，下一秒就能安排好。

巴尔扎克的《无人知道的杰作》（*Le Chef-d'œuvre inconnu*，图7）一书是沃拉尔出版的第一部由毕加索绘制插图的作品。1926年，沃拉尔向毕加索约稿，1931年12月12日，这本书才正式印刷，这中间花了五年时间。1927年起，毕加索开始绘制插图：13幅铜版画，主题和模特都是毕加索自己决定的；还有一些只由点和线组成的画。这些难以辨认的点和线被放在这部书的开头部分，算是书中“奇怪线

2.安布鲁瓦兹·沃拉尔的完整出版物一览表，1930年12月15日至1931年1月15日，于巴黎门廊画廊展览。一览表由马歇尔·贝尔·德·杜里克整理准备，其中包括沃拉尔的《我如何成为出版人》（*Comment je devins éditeur*）一文，节选自《现实艺术》（*L'Art vivant*），1929年12月15日。

3.尤娜·E.约翰逊，《出版人安布鲁瓦兹·沃拉尔，1867—1939：赏析及出版物目录》（*Ambroise Vollard Éditeur, 1867-1939: An Appreciation and Catalogue*），纽约，1944。完整再版作品——《出版人安布鲁瓦兹·沃拉尔：版画、书籍、青铜器》（*Ambroise Vollard Éditeur: Prints, Books, Bronzes*），美国，莫纳出版社，1977。

图 7
巴勃罗·毕加索，《坐着的赤裸之人草图》
（*Nu assis et esquisses...*）
蚀刻版画，约 1928 年，为奥诺雷·德·巴尔扎克的《无人知道的杰作》所作
（巴黎，安布鲁瓦兹·沃拉尔出版，1932），pl. X
序列：吉塞 / 贝尔 132
法国国家图书馆珍本收藏部
RES G-Y2-125

图 8
巴勃罗·毕加索，《梅列阿格罗斯击杀卡吕东的野猪》（*Méléagre tue le sanglier de Colydon*）
蚀刻版画，1930 年 9 月 18 日，为奥维德的《变形记》所作
（洛桑，阿尔伯特·斯基拉出版社，1931），面向 198 页
序列：吉塞 / 贝尔 159
法国国家图书馆珍本收藏部
RES G-YC-1067

条”的神秘序言。在巴尔扎克的故事中，这些“奇怪线条”正是画家弗朗霍费（Frenhofer）的心血之作。沃拉尔并未把毕加索的画作仅仅当成是巴尔扎克作品的简单陪衬，这可跟读者们预期的不一样。从这些铜版画在路易·福尔（Louis Fort）的工作室首次印刷开始，到这部作品的正式出版，一共花了四年的时间，这一切或许可以解释为要组织编排这样的图文大杂烩确实是件不容易的事。事实上，阿尔伯特·斯基拉（Albert Skira）在1931年10月就出版了奥维德（Ovide）的《变形记》（*Métamorphoses*）（图8），其中就有30幅毕加索的铜版画。要不是沃拉尔被打个猝不及防，《无人知道的杰作》或许还要再等上几年才能出版。

尤娜·E.约翰逊的书中[4]说道，《无人知道的杰作》一书出版时，法国正经历着一场经济危机，许多珍本爱好者的钱包都受到了影响，但这本书出版后却没受半点波折：它一炮而红。这促使沃拉尔从1931年起便跟毕加索签约，要他继续为另一部书籍绘制版画插图，这就是布封的《自然史》（*Histoire naturelle*）。然而这次工作的时间线却容易让人感到不解。事实上，毕加索通常都会很迅速地投入工作中，但这次，他直到1936年2月才开始雕刻版画。仿佛这本书的出版计划是毕加索开始工作前几个月才制订的。

巴尔扎克的短篇小说跟乔治-路易·勒克莱尔·德·布封的36卷《自然史》没有半点相似之处。布封的这部作品最早出版于1749年至1789年间，其中包含近2000幅插图。要想完完整整地给一部如此宏大的作品配上版画插图，很明显不是件容易的事。在沃拉尔看来，他这是给了毕加索一个为动物寓言绘制插图的大好机会。动物寓言是中世纪时就有的文学体裁，17世纪时，艺术家乌德里（Oudry）为拉·封丹（La Fontaine）的《寓言故事》（*Fables*）绘制了插图，使这一体裁重新焕发了活力。其他艺术家也在这方面添砖加瓦，比如图卢兹-罗特列克在1899年为儒勒·雷纳尔（Jules Renard）的《自然故事》（*Histoires naturelles*）绘制了插图；劳尔·杜飞（Raoul Dufy）也为纪尧姆·阿波利奈尔（Guillaume Apollinaire）的《动物寓言集或俄耳浦斯的护从》（*Bestiaire ou Cortège d'Orphée*，1911）绘制过插图。对此毕加索也就听听而已，在雕刻版画时，毕加索似乎也并不怎么关心这些版画作品是否能插入文中。毕加索绘制了32幅蚀刻版画（包括《跳蚤》一图），其中有11幅上的动物都是布封觉得没有必要写进自己的作品中的，这就包括一些昆虫，比如蜜蜂、蚱蜢，还有龙虾、青蛙这样的水生动物，当然也包括蟾蜍、蜥蜴这些更多在陆地上生活的动物。有一些动物是毕加索很熟悉的，但对布封这位大农场主兼国王的花园总管而言，这些动物就不是那么常见了。要是动物也有一座万神殿的话，那么在毕加索眼中，马和公牛，还有西班牙斗牛自然是

4. 尤娜·E.约翰逊，《出版人安布鲁瓦兹·沃拉尔：版画、书籍、青铜器》，美国，莫纳出版社，1977：162。

要排在第一列的；在布封看来，这些动物后面还可以跟上山羊、绵羊和鸽子。相反，狗、猫、鹰、雄鹿甚至公鸡、野猪和猴子，在布封的工作中都不怎么常见。至于其他的家畜，比如驴、去势的公牛、母鸡、火鸡，或是狼、狮子、秃鹫、雀鹰及金翅鸟这样的野生动物，它们虽然都出现在了《自然史》当中，但所占篇幅也十分有限。

沃拉尔让艺术家们自由发挥，想怎么画就怎么画。而毕加索也再一次极大地利用了这种自由，但他还是遵循了相对严格的绘画规范。除了《狼》这一幅很具有代表性，其他所有版画或大或小，尺寸都差不多（绝大部分都是 415mm × 315mm），这些版画至少在长度上已经超出了书籍的开本（370mm × 280mm）。还有一些画要更窄一些（398mm × 268mm），在这些版画的右边还能看见竖着的印迹[5]。

大多数情况下，在印刷这些版画时，人们会将版画边缘的空白排除在页面外，而所有这些版画印刷后，只有《狼》这一幅没有出现版画的边缘线框。其他版画的印刷式样没有白边，但还是保留了毕加索用铜版雕刻针在画面边缘勾勒出来的边框线。在日本纸上印刷的系列套图中，印刷工匠们则进行了全幅印刷，由毕加索亲手雕刻上的每一个动物的名字都保留在了画面下侧。有关动物名字的一些明显反常之处也有其原因：在毕加索看来，去势的公牛（bœuf）与公牛（taureau）没什么区别，后面出现的“狂野的公牛”则是斗牛场里突然奔袭而来的西班牙斗牛（toro espagnol）；没有鹿角的鹿就是“母鹿”（biche）；母狮子就是“lione”（正确的法文写法是“lionne”）；鹰被写成了“白鹰”（aigle blanc）。

农场里、斗兽场里、荒山野岭里、热带草原上甚至海洋里的动物们在这套画册里彼此为邻。在进行这项工作时，毕加索只使用了一种雕刻方式——糖水腐蚀刻版法。自 1934 年起，毕加索就在罗杰·拉故里耶那里学习凹版雕刻了。这种蚀刻版画技术在于获得色彩效果而非线条，主要方式是在中国墨中加入糖，达到饱和状态后，再用画笔或小棍在铜版上作画。膨胀的糖会使刻画的痕迹凸显出来，随后再以飞尘法加工，即在刻画痕迹上覆以极细腻的松香，接着用酸腐蚀。而纹理的细腻程度不同，酸性物质腐蚀的时间长短不一，也会在版画上渲染出或明或暗[6]的图案。

1934 年年末，毕加索进行了这种技法的第一次实践，他创作了四幅版画[7]，其中两幅上标有日期。创作于 1934 年 11 月的是《皮提亚-哈耳庇厄：戴米诺陶面具的男人与戴雕塑家面具的女人》（*Chez la pythie-harpye: homme au masque de Minotaure et femme au masque de sculpteur*，图 9）。画中有三个人物，一根圆柱顶端站着的人面怪鸟正注视着三个人，而这三人似乎正从怪鸟那里获取神谕。毕加索的这幅画中借用了神话场景，而这个带有鹰爪的女面鸟人则不会让人

5.《雀鹰》《蝴蝶》《蜘蛛》《蜻蜓》及《青蛙》正是如此。相反，《公牛》《猫》及《山羊》中则没有出现这样的情况，这几幅版画尺寸相同，但原本的金属板边被切割过。

6. 该部分参考了《版画技术辞典》（*Dictionnaire technique de l'estampe*），安德烈·贝更（André Béguin），巴黎，1998（第二版，第 1 卷）：27—34，322—323。

7. 布里吉特·贝尔（Brigitte Baer），《画家与雕刻家毕加索：第二卷，1932—1934》（*Picasso peintre-graveur: tome II, 1932-1934*），伯尔尼，1986：416、437、440、441。

图 9
巴勃罗·毕加索，《皮提亚-哈耳庇厄：戴米诺陶面具的男人与戴雕塑家面具的女人》
飞尘法、腐蚀刻版法版画，1934 年 11 月 19 日（巴黎，沃拉尔大街）
序列：沃拉尔 24；吉塞 / 贝尔 444
法国国家图书馆版画与照片部
RES DC-583（C,5）Fol

图 9

图 10

图 11

觉得有丝毫恐惧。另一幅绘制于1934年12月的版画——《挂黑旗的塔楼上的牛头哈耳庇厄与四个小女孩》(*Harpye à tête de taureau et quatre petites filles sur une tour surmontée d'un drapeau noir*[8]，图10)中，画面内容则更令人不安。1934年到1936年间，毕加索受到了神话的启发，米诺陶成为他的版画的一大主题，各种人与怪兽在画中相互混杂，这种现象在《斗牛米诺陶》(*Minotauromachie*，图11)中达到了顶峰。从1935年3月(版画雕刻时间)到同年11月(版画印刷时间)，这是毕加索这一年中创作的唯一一幅版画。

从1935年的春天到次年2月，中间的这十个月时间是毕加索的一大转折期，在这期间，他自称已经无法继续绘画[9]，并开始进行无意识创作。

同样是1935年，这一年，毕加索与妻子奥尔加(Olga)分道扬镳，奥尔加还带走了他们的儿子保罗(Paulo)。同年7月，毕加索与玛丽-泰雷兹·沃尔特(Marie-Thérèse Walter)的女儿玛雅(Maya)出生了。到了秋季，毕加索开始频繁地与超现实主义派人物往来，正是他们推荐毕加索在《艺术手册》(*Cahiers d'art*)[10]第7至10期上发表作品。1935年末，毕加索与保尔·艾吕雅(Paul Eluard)的往来愈发密切，两人成为好友；1936年1月到2月，艺术团体阿达兰(ADLAN)与艾吕雅介绍给毕加索的同行们正在西班牙组织毕加索的作品展，这进一步加深了他们之间的联系。有说法称，毕加索正是在艾吕雅的陪伴下结识了朵拉·玛尔。他们在双叟咖啡馆的这次会面可以追溯到1936年1月。而根据巴拉萨伊(Brassaï)的话和对毕加索的诗文的解读，安娜·巴尔达萨里(Anne Baldassari)认为早在1935年秋天，他们就已经见过面了，他这样描述朵拉·玛尔："满是诱惑，本质上，认识她就是一种冒险。[11]"朵拉·玛尔看起来很了解这个西班牙人，毕加索又如何能不被这个有着湛蓝双眼的美丽又年轻的女人吸引呢。朵拉·玛尔玩着小刀，不小心失了手，刀尖飞快地钉入她的指间，鲜血从她那绣着玫瑰花的黑手套上滴落[12]。毕加索为她痴狂，将这副手套当作珍贵的纪念品保存着。

朵拉·玛尔(1907—1997，图6、12)，原名昂里埃特·泰奥多尔·马尔科维奇，父亲是克罗地亚人，母亲来自都兰，她与玛丽-泰雷兹·沃尔特是截然不同的两个人。朵拉·玛尔有一头棕发，而玛丽-泰雷兹·沃尔特则金发飘飘；朵拉·玛尔有时性情急躁，玛丽-泰雷兹·沃尔特却总是冷静安然。一些超现实主义艺术家十分欣赏朵拉·玛尔，曾邀请她去参加1935年5月到6月间在特内里费岛的圣克鲁斯(Santa Cruz de Tenerife)举行的展览。朵拉·玛尔也是安德烈·布勒东(André Breton)的妻子——杰奎琳·兰巴(Jacqueline Lamba)的多年好友。朵拉·玛尔成为一名职业摄影师，她还曾与

8. 布里吉特·贝尔，《画家与雕刻家毕加索：第二卷，1932—1934》，伯尔尼，1986：444。

9. 安娜·巴尔达萨里(Anne Baldassari)，《毕加索/朵拉·玛尔：漆黑一片》(*Picasso/Dora Maar: Il faisait tellement noir...*)，巴黎，2006：29。

10. 杂志记录的时间为1935年，但该杂志常将时间记录提前，该事件更大可能发生在稍晚的1936年2月。

11. 安娜·巴尔达萨里，《毕加索/朵拉·玛尔：漆黑一片》，巴黎，2006，节选自36—37页。

12. 弗朗索瓦·吉洛(Françoise Gilot)，《与毕加索生活》(*Vivre avec Picasso*)，巴黎，1965：78。

图10
巴勃罗·毕加索，《挂黑旗的塔楼上的牛头哈耳庇厄与四个小女孩》
蚀刻版画，1934年12月(巴黎，沃拉尔大街)
序列：沃拉尔13；吉塞/贝尔444
法国国家图书馆版画与照片部
RES DC-583 (C,5) Fol

图11
巴勃罗·毕加索，《斗牛米诺陶》
腐蚀刻版法、刻刀法版画，1935年3月23日
序列：吉塞/贝尔573
法国国家图书馆版画与照片部
RES AA-5(巴勃罗·毕加索)

图12
朵拉·玛尔
摄影：曼·雷，1936年
巴黎，乔治·蓬皮杜艺术中心国家现代艺术博物馆

图 12

EASTMAN—NITRATE—KODAK

艾曼纽埃尔·苏格（Emmanuel Sougez）、亨利·卡地亚-布雷桑（Henri Cartier-Bresson）、曼·雷（Man Ray）及巴拉萨伊共用一间工作室，他们的建议也帮助了朵拉·玛尔形成自己的风格。1931年到1934年间，朵拉·玛尔与皮埃尔·科菲（Pierre Kefer）合作；1935年她在阿斯托格路29号开了自己的工作室，正与西蒙·德·丹尼尔-亨利·卡恩维勒（Simon de Daniel-Henry Kahnweiler）画廊相邻。朵拉·玛尔常常与乔治·巴塔耶（Georges Bataille）来往，两人在1933年因《大众》（*Masses*）杂志结缘；1935年10月7日，朵拉·玛尔在"反攻"组织（Contre-Attaque）的创立宣言上签了字，这一组织又进一步加深了他们之间的联系。受新客观主义（Nouvelle Objectivité，苏格就是法国的代表人物）宣传作品的影响，朵拉·玛尔在英国和西班牙发表了一系列报道，这使得她渐渐成为一名对当代问题表示态度并采取行动的介入摄影师，同时朵拉·玛尔的品味有些奇特，这在她的超现实主义合成摄影作品中尤为明显。就像毕加索为她写诗一样，朵拉·玛尔也创作了一些诗歌。她常常无动于衷，这使她更加迷人。朵拉·玛尔成为毕加索的摄影师，从1936年的冬天到次年的这个时候，她一直与毕加索合作，两人尝试着将雕刻与绘画相结合。1936年的秋天，朵拉·玛尔在大奥古斯汀路7号为毕加索准备了一间工作室。这条路是"反攻"组织的集会点；在巴尔扎克的《无人知道的杰作》中，波尔比斯（Porbus）的工作室也设在此地，年轻的尼古拉·普桑（Nicolas Poussin）就是在这里遇见了弗朗霍费；这间工作室也因朵拉·玛尔在1937年5月到6月间对《格尔尼卡》（*Guernica*）的持续报道而闻名于世。朵拉·玛尔自己也安顿在不远处，就在萨瓦街6号。从1936年的春天到夏天，他们的恋情日渐浓烈。在后来的许多年里，她一直是毕加索最爱的模特。尽管对毕加索而言，朵拉·玛尔就是那个"垂泪的女人"[13]（毕加索的一幅作品），但毕加索变来变去的情人，也足以证明这张肖像画可不仅仅参照了一张脸。

一开始，毕加索为布封之文所作的版画就回归了一种自由状态，这种自由是毕加索重新找回的，离开了与奥尔加在一起时的烦琐社交，这些版画重回了"一种简单的生活，洗去了俗世尘埃，显得放荡不羁，仿佛来到了塞纳河左岸。毕加索将从束缚中挣脱，他可不适应受约束；他还会重回在加泰罗尼亚的自由岁月，重焕青春。艾吕雅、纳什和朵拉·玛尔是这一转变的代表和同好"[14]。1936年春天，毕加索的画作同样在向积极的方向转变，从前人们为布封之文做的那些版画——那些"用水墨绘制的版画"（创作于18世纪，人们将其视为最早的凹版腐蚀刻板法）也为毕加索自己的创作带来灵感，多亏了版画，尽管这与绘画创作不尽相同，甚至可以说是相反的。

就算这些不是毕加索最早的版画作品，毫无疑问，也是他在版画

13. 弗朗索瓦·吉洛，《与毕加索生活》，巴黎，1965：114；安娜·巴尔达萨里，《毕加索 / 朵拉·玛尔：漆黑一片》，巴黎，2006：164。

14. 让-夏尔·加多（Jean-Charles Gateau），《艾吕雅，毕加索与绘画（1936—1952）》[*Eluard, Picasso et la peinture (1936-1952)*]，日内瓦，1983：13—14。

方面最具代表性的练手之作。毕加索曾在两个阶段内疯狂地进行过版画创作。据毕加索在版画上签下的日期可知,《鸵鸟》《雄鸡》和《鸽子》这三幅都是在1936年2月7日刻画的,而《驴》《猴》和《鹰》则是在两天后开工。这之后有两个月的间歇期,从3月到5月,毕加索都跟玛丽-泰雷兹·沃尔特和女儿玛雅一起旅居在蓝色海岸;到了6月,毕加索才前往蒙马特富瓦亚蒂埃路的拉故里耶处,这段时期毕加索开始以每天一幅的速度完成其他版画。安布鲁瓦兹·沃拉尔向教皇庇护十一世(Pie XI)献上了由雷东绘制插图的《拟作篇》(*L'Imitation de Jésus-Christ*),而这部作品最初(1903年)是打算献给教皇本笃十三世(Benoît XIII)* 的,这次献礼使得这种版画插图作品自罗马风靡四方。在得知毕加索已经回到工作中后,5月22日这一天,安布鲁瓦兹·沃拉尔开心地给他寄去了一张绘有卡皮拖利山母狼的明信片,上面写着:"这是一种神奇的动物,当然它不在我们的动物集里。"沃拉尔同时补充道:"我已经向爱着您的人们宣布了这一消息——您正在使布封重生!当然,大家十分期待看到这部作品问世。"[15]

布里吉特·贝尔所整理的毕加索版画记录详细地向我们展示了他的每幅作品,都是按照创作顺序整理的[16]。其中一些版画,比如《狼》《母狮》《鹰》《秃鹫》《雀鹰》和《鸽子》,都运用了飞尘法,一次性就完工:色调灰暗,图案清晰,孤零零的动物四周几乎看不出有什么。确实,猛禽只需要广阔的天空就够了,但其他大部分的版画都需要一明一暗两个部分,两种色调。

毕加索总是一开始用糖水腐蚀刻版,接着再用柳树枝将部分区域的颜色扫淡,用刻刀使图案更清晰,若是需要,还要用腐蚀材料再腐蚀一遍。比如《蝴蝶》这一幅,首先用糖水腐蚀以勾勒出蝴蝶轮廓,随后用刻刀完成根茎、玫瑰、树叶和蝴蝶椭圆的翅膀。最后版画的图案会呈现三种到四种不同状态:颜色最深的、画面最稠密的和最清晰的。最清晰的部分,比如驴的皮毛、母鸡和火鸡的羽毛,都经过了精雕细琢,充当蚱蜢和马蜂周围背景的植物也是如此效果。《龙虾》也是用糖水和木棍完成的,在第三次以柳条增亮前,也经历了多层腐蚀。《狂野的公牛》同样是在第三次加工时才有了明亮清晰的画面,这次增加了漆黑的牛栏。

这些动物彼此差别甚大,毕加索也按照自己对它们的看法而随心创作,于是动物们的神情姿态也各不相同:猪温柔平静;牛和公羊也心平气和;鹰自视甚高;马如雕塑般俊美;母鹿优雅亲切;母狮则鬼鬼祟祟;斗牛一副暴脾气;鸵鸟看起来就是单纯的好笑。其中一些,比如《猴》[17] 的线条轮廓就更为突出;而另一些动物几乎要与周围环

---

* 本笃十三世于1649—1730年在位,这里应该是利奥十三世,1810—1903年在位。——编者注

15. 加里·腾特罗(Gary Tinterow)引用于《毕加索与沃拉尔:天才与商人》(*Picasso e Vollard: il genio e il mercante*)一书第33页,注56,"沃拉尔与毕加索",本书作者为迪克劳迪娅·贝尔特拉莫·切皮·泽维(Claudia Beltramo Ceppi Zevi),2012于威尼斯出版。加里·腾特认为明信片寄出时间为1936年9月22日。沃拉尔的文字记载道:我将在6月1日或下周六归来。据此推断,加里·腾特罗判断的时间不可能是正确的。由此,这张明信片的发出时间应在5月。如今在毕加索博物馆中也难以寻到原件确认。

16. 布里吉特·贝尔,《画家-版画家毕加索:卷三(1935—1945)》(*Picasso peintre-graveur: tome III, 1935-1945*),伯尔尼,1986:575—606。

17. 这只猴子使人想起1905年雕刻的卖艺家族的那只猕猴。

境融为一体了，《狼》就是这类代表，看上去只叫人觉得不安。要是所有农场里能见到的动物都按照布封所写的那样来画，那么它们看起来将会非常奇怪，因为在这位博物学家的《自然史》里，有些东西被忽略了，比如壁虎，炎热的夏日午后总能见到它们，要是按书里描述的那样画出来，它将是一团深色的怪兽，有着圆圆的眼睛和四只巨大的爪子；而蟾蜍正相反，它看起来一点都不丑；青蛙则趴在睡莲上，一动不动地盯着我们。至于那些体型极小的动物，它们要么被周围植物所遮掩，要么就奇奇怪怪得让人大吃一惊，就像蜘蛛，有着几条毛茸茸的腿，走路时却一瘸一拐。

已完成的铜版画都含钢，这是为了提高它们的抗压性，其中的11幅版画[18]最初印制了47份，但印刷计划随后并未持续。据布里吉特·贝尔判断，这次印刷是在1937年初，是在1942年5月——书籍印刷前的最后一次印刷。这中间的五年里发生了一件大事——沃拉尔在一场车祸中去世。所有的工作都因此暂停，直到1940年，沃拉尔的遗产被分配好后，才陆续恢复；更不要说这中间还有战争的影响、法国的战败和德国对法国的占领，真不知道这期间布封的作品都经历了什么。人们只能确定，出版计划还是在缓慢进行着的，龙沙（Ronsard）的《弗拉斯特里之书》（*Livret de Folastries*）由梅洛（Maillol）绘制插图（1940年5月），弗朗克·汤普森（Francis Thompson）的《诗集》（*Poèmes*）由莫里斯·德尼（Maurice Denis）绘制插图（1942年2月），它们分别是沃拉尔计划中的第三部和最后一部书，后来由马丁·法比亚尼编辑出版。马丁·法比亚尼是这方面的专家，接手了沃拉尔遗产后，先是与沃拉尔的兄弟——吕西安（Lucien）合作重启项目，随后就自己开展工作[19]。这两部书的最初版本都是在沃拉尔逝世后才问世的，封面印有“1939”的字样；而在内页，第一本印有年份“1938”，第二本书上则是“1936”。这不禁让人觉得，在沃拉尔去世时，它们就已经快要正式出版了。布封的作品则不在此列，而汤普森的诗集能如此快速地投入印刷，大概是因为不管是内容还是设计方案都早已确定好了。

在本书里，除了节选自布封的《自然史》里的内容有配图外，还有额外的版画，此外，本书的书名也变成了“为布封之文所作的原创蚀刻版画”。这使尤娜·E.约翰逊感到好奇，她因此设想，沃拉尔或许对这些方面的事并不感兴趣，以至于他将收集文章和将它们与版画相搭配的任务都托付给了马特·菲戈与皮埃尔·鲍迪耶（Pierre Baudier）（保罗·鲍迪耶之子）这两位印刷匠[20]。得知这两位印刷匠的工作室就在法尔吉埃路后，我曾去拜访过，要像沃拉尔嘱托的那样完成这项工作可不是件容易的事。审查过预定的节选片段后，就能发现它们与当时（1939年到1940年左右）能在书店里见到的布封的

18.《驴》《公牛》《山羊》《猫》《母鹿》《猴》《鸵鸟》《蜜蜂》《马蜂》《蟾蜍》《蚱蜢》。

19.马丁·法比亚尼（Martin Fabiani）（1899—1989），最开始是经纪人。曾与沃拉尔一同工作，并成为沃拉尔的知交之一。在沃拉尔去世后，其家人选择法比亚尼来担任沃拉尔遗产的鉴别估价人。法比亚尼则与另一业内人士——爱丁·比努（Étienne Bignou）一起开展工作，散去上千件作品，自己也收获颇丰。1941年，法比亚尼定居于马提尼翁路（Rue Matignon）26号，这里原是安德烈·伟耶（André Weill）画廊，原主人已经前往美国避难。法比亚尼则频繁与纳粹之间进行艺术品交易。1943年，马丁·法比亚尼出版了路易·阿拉贡（Louis Aragon）的《马蒂斯》（*Matisse*）一书，同时还暗中与《法国文学》（*Lettres françaises*）和午夜出版社（Édition de Minuit）联系；1945年3月，马丁·法比亚尼还组织了“画展——从柯洛到马蒂斯”的展览，这是为了支持一家美国士兵专用的名为“台口餐厅”（Stage Door Canteen）的小酒馆（阿拉贡还为菜单作目录前言）。这些美国士兵帮助他度过了1944到1945年的艰难时光，除了在出售韦特海默（Wertheimer）的藏画时付出了一大笔罚款外，就没有其他大的损失了。马丁·法比亚尼的名字常常出现在纳粹的艺术情报组织（L'Art Looking Intelligence Unit）的报告中。他的其他成就还包括出版亨利·德·蒙泰朗（Henry de Montherlant）的《帕西淮》（*Pasiphaé*），该书配有亨利·马蒂斯（Henri Matisse）的漆布版画插图。1943年7月16日，毕加索为马丁·法比亚尼作肖像画，看起来两人也保持着良好的关系。1977年，马丁·法比亚尼出版了自己的回忆录——《我为画商时》（*Quand j'étais marchand de tableaux*），但这本书中的信息不是那么可信。

20.尤娜·E.约翰逊，《出版人安布鲁瓦兹·沃拉尔：版画、书籍、青铜器》，美国，莫纳出版社，1977：38。

《作品精选》(*Morceaux choisis*)都有出入。这样的节选十分有必要参考一本完整版的《自然史》，当然内容选择方式相当灵活。这些节选片段并没有完全保持原文的顺序，但经过排列和修饰后也让人觉得完整连贯。有些部分甚至集合了七个来自原文的片段，因此，就算看起来不像，本书的文章也确实是通过摘选和拼接而再创作出来的。这需要有人将毕加索的版画与对应的文章节选相匹配，同时还不能有损布封之文的质量，但安布鲁瓦兹·沃拉尔可不缺这样的合作者。原文中最具专业性、最乏味和最粗俗的那部分不见踪影了；最能吸引18世纪的读者们的有关动物爱情的部分被保留下来，除非是那种布封特别注明了“粗暴”的部分，比如《驴》这一篇。而摘选的部分也更加关注动物的训练和感情的培养，这有利于人们使役这些动物或养来消遣，对动物优劣的评价也是出于人的标准。这一切都是为了使人们更了解这些动物。

1942年5月26日，这部书以卡萨隆(Caslon)24号字体完成印刷，7月27日法定送存于法国国家图书馆。这点时间差是正常的，因为版权页上显示的是印刷时间。最后十幅版画的印刷时间还要在这之后，前21幅是单独印刷的，而后十幅则连同各自的标题一起被印在了同一张纸上，因为它们没有与之相配的文章。为了避免印刷工人的操作错误，最后这些版画都是在6月到7月间完成印刷的。

我们可以推测，毕加索大概是按册收费的，因为在同时期他与马丁·法比亚尼还计划出版另一本作品[21]，关于此曾有详细的说明，毕加索很快就收到了自己应得的报酬。1943年1月17日，毕加索在这本书上留下亲笔签名，并将它赠与朵拉·玛尔。有一点倒是让一些人不解：毕加索究竟是在书已经被送出去了之后才提笔签名的，还是在签名那天才把书送人的呢？我在前文曾提到这天之前——1943年1月16日，玛丽·多莫伊出席了有关安布鲁瓦兹·沃拉尔的研讨会。这场研讨会能帮助人们回忆起一些被遗忘的时光，但签名与研讨会这两个事件时间上的接近只不过是一种巧合。

毕加索在这一册书[22]内的标题页面上写了两句题词(图2)，首先是用加泰罗尼亚语写的“献给朵拉·玛尔”和“真可爱”，接着是日期和签名；另一句话则是用法语写的，要是将这句话的前两个字母连起来，就变成了一句爱的告白——“爱玛尔”(ADORA MAAR)，而毕加索也确实没有把这两个字母分开。用加泰罗尼亚语写的那一句题词可以有不同的解释：毕加索先写了“tan bufona”，这句话可以翻译成“真可爱”，后来毕加索又加上了“re”，在加泰罗尼亚语里，这个前缀是用来加强语气的，意思是朵拉·玛尔真的是非常非常可爱。皮埃尔·卡班内(Pierre Cabanne)是第一个在自己的作品里讨论这句话的人，在他的《毕加索世纪》(*Siècle de Picasso*)[23]中，他一开

21. 马丁·法比亚尼，《我为画商时》，再版：134—135。1942年9月24日，马丁·法比亚尼与毕加索订立的契约信，内容是为《唐吉诃德》(*Don Quichotte*)绘制插图，其中特别写出了稿费支付方式，本插图版最终没有完成。

22. 指第141册：这是最初的一百三十五册维达隆高级画纸版(n° 92—226)中的一册。见第4—5页。

23. 皮埃尔·卡班内，《毕加索世纪：第二卷，战争，党派，荣誉与人(1937—1973)》[*Le Siècle de Picasso: t. II, La Guerre, le Parti, la Gloire, l'Homme seul (1937-1973)*]，巴黎，德诺埃尔出版社，1975：84—85。

图 13

图 14

图 13
巴勃罗·毕加索,《饮酒的人抚摸着喀迈拉》(*Bu-veur caressant sa chim-ère*)
刻刀法版画，1938 年 5 月 28 日，为伊利亚的《奥法》一书所作（巴黎：41 度画廊，1940）
序列：贝尔，639
法国国家图书馆阿斯纳馆
RES 4-NF-23716

图 14
巴勃罗·毕加索,《女性鸟人形的朵拉·玛尔》
以铅笔和水墨作于蓝纸上，有签名及日期——1936 年 9 月 28 日
私人收藏

始也这样解释这句话；而在这本书再版时，皮埃尔·卡班内又提出了一种更具歧义的解读，他将“rebufona”与动词“rebufar”相照应，而后者表示“粗暴地拒绝”[24]（与法语中的“rebuffade”一词意思相近）。这句题词由此可以有双重含义，但这种观点毫无说服力，因为不论“rebufona”一词与“rebufar”有多么相似，在加泰罗尼亚语里，它都只有一种含义，那就是赞美。

这两句题词并没有满足毕加索的创作欲。他还画了一幅朵拉·玛尔的肖像画，强调了她的美丽，突出了她如星星般闪亮的双眼。这是一个女性鸟人，长着钩形爪子，站在一截树枝上，她裸露的胸部高耸着，性器官也直截了当地展现出来。在他们建立关系之初，毕加索就已经将朵拉·玛尔与他早期的版画里出现过的这种复杂形象联系在一起了，回想下上文提到的毕加索于1934年12月19日创作的那幅“皮提亚-哈耳庇厄”吧。朵拉·玛尔保存了一幅画像，画于1936年9月28日——他们在蔚蓝海岸一起度过了第一个夏天回来后，这幅画上的朵拉·玛尔也是鸟人形态，但头发变短了，身体加长了四分之三（图14）[25]。毕加索的这种变形引起了不同的解读，有观点将毕加索于1943年1月17日画的这幅画看作是“狮身人面女像”（图2），1936年9月28日的那幅则被看作是“雌鸟”（图14）；而1938年5月28日，毕加索为伊利亚（Iliazd）的《奥法》（*Afat*）一书所作的那幅版画（图13）上的人物也是差不多的造型，被当成是喀迈拉（chimère，神话中具有狮头、羊身、蛇尾的怪兽）。所有的这些例子都让人想起希腊神话中的形象，它们与哈耳庇厄（司暴风的有翅女怪）和海妖这两个截然相对但同样危险的角色明显有着某种联系。在强调“神话角色与人结合，艺术展现的双重性”的同时，安娜·巴尔达萨里还提及朵拉·玛尔穿上了“光之服饰”，经历了“各种错综复杂的神话变形，光彩夺目，如缪斯美丽，或又变成怪兽喀迈拉或牺牲品”[26]。

如果说画在布封这本书开篇的女性鸟人都值得人们花一点时间讨论，那么我们就更应该往前翻一翻，去看看更夸张的表现手法。在《马》这一篇的标题页，美丽的哈尔庇厄女神只剩下一副骨架，张着嘴，仿佛阴暗可怖的死鸟，还有两个哈尔庇厄骨架用来加以强调，在细节方面，毕加索还画了一个头骨与一个鸡蛋（卵子），这或许是毕加索在隐射自己情人的不孕。再往前翻到“驴”的版画那里，三个蛇发女魔戈耳戈的头是如此醒目，其中美杜莎的头已经退化得变成骨头了，上面的头发全是由蛇骨组成的。在《驴》这一篇末尾，还出现了斯堪的纳维亚的美人鱼舒展开来的骨架，这个女性人鱼的胳膊还撑在沙滩上。哈尔庇厄、美杜莎和美人鱼，这是三个可怕的角色：哈尔庇厄能带来毁天灭地的大风暴；美杜莎的目光让人心脏骤停；美人鱼的嗓音[27]诱惑十足，却非同一般的危险。这一切特性都与朵拉·玛尔

24. 皮埃尔·卡班内，《毕加索世纪：第三卷，格尔尼卡与战争》（*Le Siècle de Picasso: t. III, Guernica et la Guerre*），巴黎，德诺埃尔-伽利玛出版社合作出版。“文集”，1992：129。阿利西亚·杜约夫内·奥尔蒂斯（Alicia Dujovne Ortiz），在其传记《朵拉·玛尔，目光焦点》（*Dora Maar, prisonnière du regard*）（巴黎，2003：203—231）中，对“rebufona”做出了完全不同的解读，认为其代表“令人愉悦，甚至滑稽可笑的”，这是西班牙语的解释，但在加泰罗尼亚语中不能如此解读。

25. 画作见于玛丽·安·考斯（Mary Ann Caws）的《朵拉·玛尔的生活》（*Les Vies de Dora Maar*），巴黎，2000：91；安娜·巴尔达萨里，《毕加索/朵拉·玛尔：漆黑一片》，巴黎，2006：99。

26. 安娜·巴尔达萨里，《毕加索/朵拉·玛尔：漆黑一片》，巴黎，2006：114。

27. 他们的朋友们，尤其是詹姆斯·洛德（James Lord），常说朵拉·玛尔的嗓音音调优美，十分悦耳，见《毕加索与朵拉》（*Picasso et Dora*），巴黎，2000。

LIVRE HUITIÈME

DÉJÀ Lucifer dégageait de ses voiles la lumière du jour et mettait en fuite les heures de la nuit; alors l'Eurus tombe et d'humides nuages montent dans les cieux; le souffle paisible de l'Auster ouvre la voie du retour aux soldats d'Éaque et à Céphale; poussés heureusement vers le port désiré, ils y touchent plus tôt qu'ils ne s'y attendaient. Cependant Minos ravage les côtes des Lélèges et il fait l'essai de ses forces guerrières sur la ville d'Alcathoé, où règne Nisus; celui-ci avait sur sa tête, au milieu de ses cheveux blancs, vénérés de

185

图 15
巴勃罗·毕加索,《留胡子的男子和戴面纱的女子头像》(*Tête d'homme barbu et de femme voilée*)
蚀刻版画，1931年4月，为奥维德的《变形记》所作（洛桑，阿尔伯特·斯基拉出版社，1931），第185页。
序列：吉塞/贝尔157
法国国家图书馆珍本收藏部
RES G-YC-1067

28. 引用自埃杜阿·雅格（Édouard Jaguer）；原话收录于玛丽·安·考斯的《朵拉·玛尔的生活》，巴黎，2000：91。

29. 通过画笔的痕迹，在第 176 页至第 177 页可见："本书所有的画 / 作于 / 这个周日 /1943 年 1 月 24 日 / 在这个午后 / 于 / 巴黎 / 萨瓦街 6 号。"

有着千丝万缕的联系，但她是否绝不会说出"我不是毕加索的情人，他只是我的画师"[28] 这样的话呢？从某时开始，他们的感情逐渐变得冷淡。毕加索对他心爱模特的嫉妒和愤怒感到厌倦；骄傲的朵拉·玛尔也难以忍受毕加索在她自己和玛丽-泰雷兹·沃尔特之间游走不定。1943 年 5 月，毕加索遇见了弗朗索瓦·吉洛（Françoise Gilot），她成为毕加索的"鲜花美人"，这与"垂泪的女人"形成对比；1946 年，毕加索与朵拉·玛尔分手了。这册书也见证了这段感情的终结，但它也是一份特殊的礼物，就像人们常说的那样，毁灭与创造就是一个艺术家相互补充的两面。

毕加索有时间来酝酿以上三幅画。事实上，它们是在之后的一个星期天——1943 年 1 月 27 日完成的。这一天，毕加索回到了朵拉·玛尔那里，但值得注意的是，这一天他原本是要去找玛丽-泰雷兹·沃尔特的。就像毕加索在画册末记录的那样 [29]（图 3），在这个午后，他又重新开启了这本书，用羽毛笔和墨水作画，填满了画面的边缘和空白页。总之，包括题词在内，这一侧书的 42 页内至少有 53 个绘画主题。这其中有速写草图，比如第 20 页到第 21 页边缘的驴头；也有更精心的画作，代表就是猴的版画边上的古式留胡子的男子头像。毕加索的笔尖在画面上来回擦过，仿佛在吸墨纸上作画一般，墨迹不仅浸染了背面，就连前页都留下了墨痕。

这册书分为各单独篇章，对每种动物都做了介绍，除了最后十种，它们是《自然史》原文中没有的，因此只出现了它们的名字和相对应的版画。毕加索首先关注的是写有动物名字的页面，之后才从《鸵鸟》开始，在版画前的空白页上创作。在《马》和《驴》的那几页，除了页边的一些头像，其他的画看上去都像是要让人们内心一颤，在人们心灵上留下阴影一般；接下来，"牛"和"狮子"都与摘选的布封文章里所描绘的动物直接相关；到了《公牛》《山羊》和《鹿》，画面上就只剩一个动物头了；当然也有群像，比如凑在一起的三只可爱小猫，或是两只凶恶的狗。《牛》前面的两个牧农神头像和母狮头像则像极了人的脑袋，同时又包含了一切动物的特性，这几幅画仿佛是一开始的神话角色和接下来的动物的过渡点。

事实上，从《猴》开始，除了两只鹰、一只鸽子和两匹马（一匹在第 170 页边缘，一匹在蝴蝶的版画下方），这套动物合集已经被毕加索变成了一个包括 20 幅肖像的出色画廊。其中六幅画中的人物是希腊化的形象，都是年龄不一的男子，或安详（《猴》前）、或严肃（《蝴蝶》前）、或在冥想（《青蛙》前）。这一系列自 20 世纪 20 年代开始，延伸至奥维德的《变形记》（图 15）（1931），直到《沃拉尔系列》（*Suite Vollard*）（1936—1937）。毕加索常这样画，就算有着大胡子，人们也能在这群古希腊人里看出他的风格。而在希腊人系列中，还混杂着 14 幅更加现代的肖像画，比如留着短胡子、穿着条纹衫、将目光从鸵鸟身上移开的男子，这就是其中的代表。

古希腊人物系列画的都是男人，而这 14 幅画像在性别上则更加均衡。但人们还是不能想象这种均衡会表示画像上的男女能成为夫妻，因为画中的女人基本上都是年轻的，有一些还很漂亮，但男人大多都上了年纪，有些还非常丑。与高贵的希腊人面孔相比，这些肖像画就显得有些夸张了，他们所处的时代也不好确认。在《雀鹰》中，画面上的年轻女子头戴发带，标题“雀鹰”正好位于发带中间，她看起来就像现在的慢跑者一样，同时也可以理解成卡图卢斯的莱斯比亚（Lesbie de Catulle）；在《马蜂》前页，一个年长的胖女人侧过了身，在蒙马特和巴塞罗那，毕加索都能遇到这样的人——几个世纪前，委拉斯凯兹（Vélazquez）也曾在马德里与这样的妇女擦肩而过；《蜘蛛》前是一位带着羽毛帽子的年轻女人，很明显，这是 20 世纪 40 年代时的优雅女士；而《蜜蜂》前的那一位，我们只能看见她散乱头发下的脖颈，这样的女士随时都能看到，她冒失地露出双肩，被小虫子们叮出一圈印子。女性角色从来不是毕加索的强项，但随着我们往前翻去，我们能看到，男性的画像越来越精细了。从《母鸡》开始，毕加索画中人物的年龄就更大了，他们的特征十分明显：浮肿的脸颊，眼周皱纹深陷的皮肤，难看的鼻子，笑容显得诡诈、狡猾，甚至有些居心叵测。看向火鸡和蟋蟀的那两个滑稽可笑的人，在永恒的、戈雅式的、古怪的西班牙地狱里也能有自己的一席之地。

（我）试图将这些画像与它们旁边的版画自然地联系起来，但这是徒劳的。确实，火鸡旁男子的圆脸看起来与火鸡肥硕的身躯相呼应；女士的羽毛帽子照应了蛛网；青蛙与旁边有些古代风格的男子之间有某种神似（毕加索是想到了阿里斯托芬吗？），但这只是些小细节。毕加索将自己从眼下的文字中解放，让想象自由驰骋，这是他在绘画时以及未来创作一些作品时的必要做法。

这些画作都创作于一个午后，它们实际宣告了未来两部作品的到来，这两部作品也是在拉故里耶处印刷的。第一部是《卡门》（*Carmen*，1949），这本书中的一系列肖像画大部分是用雕刻刀雕刻而成，这些逐渐衰老的面容都具有极简风格，有些几乎就是几何图案构成的；第二部则是为贡古拉（Gongora）的《二十首诗》（*Vingt poëmes*，1948）作的插画，毕加索首先写下了“Gongora”，后创作了一系列女性画像。其中一部分画像是用干刻法所作，另一些则运用了糖水腐蚀刻版法，两种方法最终呈现的画面笔触和灰色调的细腻程度有所不同（图 16）。从布封的作品到贡古拉的诗歌，再到毕加索赠给朵拉·玛尔的那一册，长久以来，神话对毕加索都有重要的影响。毕加索的画作中也不乏古代风格的角色，但很明显，在这一幅幅画作

图 16
巴勃罗·毕加索,《长颈女人头像》
(*Tête de femme au long cou*)
飞尘法版画，1947 年 2 月 26 日。在诗句“诗人认识她时，她还是年轻的姑娘”旁,《二十首诗》，贡古拉，pl. XⅢV（摩纳哥，最好的书出版社，1948）
序列：贝尔 755
法国国家图书馆阿斯纳馆
RES Fol-NF-11461

图 17/18
巴勃罗·毕加索，《狼》（*Le Loup*）与《山羊》（*La Chèvre*）
蚀刻版画，1936，《为布封之文所作的原创蚀刻版画》（巴黎，马丁·法比亚尼出版，1942）：97/81
序列：吉塞 / 贝尔 584/582
法国国家图书馆珍本收藏部
RES G-S-95

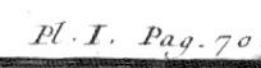

Tom. V.

PL. IX. pag. 92.

De seve delin.

LA CHEVRE.

Baquoy Sculp.

图 19/20

《狼》与《山羊》

两幅铜版画，让-查尔斯·巴格瓦（Jean-Charles Baquoy）据雅克·德·瑟弗（Jacques de Sève）原画所作，原画出自乔治-路易·勒克莱尔——布封伯爵的《自然通史》（*Histoire naturelle, générale et particulière*）（巴黎，皇家印刷厂），第 7 卷（1758），pl. Ⅰ，《狼》与第 5 卷（1755），pl. Ⅸ，《山羊》

法国国家图书馆科学与技术部

S-2436 与 S 2434

中，毕加索展现了越来越多的西班牙式与巴洛克式的灵感。

回到朵拉·玛尔。1943 年 1 月 17 日，她的画像出现在了这本书的开头，但毕加索之后几天所作的画中却不见她的踪影；1943 年 1 月 24 日，毕加索所画的那些女性们没有一个像她。然而，再仔细看看，朵拉·玛尔的缺席之谜也揭开了面纱。那一天，毕加索受到了书中各种动物的启发，但其中两种除外，他直接跳过了这两种动物，就算这两页动物肖像前也有空白页，他也没有在这两处作画。这两个被遗忘的动物之一是狼。布封告诉人们，狼是“一种根本养不亲的动物”，是“一切集体的敌人”，“对肉的饥渴无与伦比”。布封一点都不喜欢狼，对此他也毫不掩饰。另一种动物则是山羊，据布封所说，它“会自己跟着人类回家”“能轻而易举地跟人们亲近起来，对人类的爱抚十分敏感”，山羊是独立的，但母山羊会“急切地寻找配偶”并“热烈地交配”。一个狼，一个山羊，“真可爱”……命中注定一般……这场爱情的结局会令人心碎。

安托万·科隆（Antoine Coron）

图片来源
除另行说明，本册书内所用插图皆来自法国国家图书馆之收藏，由其翻印部门进行复制（reproduction@bnf.fr）。

© 罗基·安德烈 / 法国国家图书馆：5,6。
私人收藏：14。
照片 © 奥赛博物馆，法国国家博物馆联合会-大皇宫（Dist. RMN-Grand Palais）/ 帕特里斯·施密特（Patrice Schmidt），伯克利州，加利福尼亚大学，班克罗夫特图书馆授权：4。
照片 © 蓬皮杜艺术中心国家现代艺术博物馆-工业创造中心（MNAM-CCI），法国国家博物馆联合会-大皇宫 / 蓬皮杜图像中心国家现代艺术博物馆-工业创造中心，© 曼·雷·托拉斯 /ADAGP（图像与雕塑艺术创作者组织），巴黎，2015：12。

© 毕加索系列，巴黎，2015：2,3,7,8,9,10,11,13,14,15,16,17,18。